Perfect
Baby

完美宝宝

喂养·教养·启智 一本通

郑国权 编著

U0338495

吉林科学技术出版社

图书在版编目（CIP）数据

完美宝宝喂养·教养·启智一本通 / 郑国权编著
. -- 长春：吉林科学技术出版社，2015.2
　　ISBN　978-7-5384-8710-7

　　Ⅰ.①完… Ⅱ.①郑… Ⅲ.①婴幼儿－哺育－基本知识 Ⅳ.①TS976.31

中国版本图书馆CIP数据核字（2014）第302068号

完美宝宝喂养·教养·启智一本通

编　　著	郑国权					
编　　委	何广举	佟　伟	李红霞	李华艳	关海红	耿换梅
	王开凤	王亚楠	尹　念	宋犀堃	吴锦霞	叶学益
	付娟娟	陈红燕	陈晓艳	付大英	何卫珍	傅晓云
	薛　芹	杨　文	杨　帆	杨文告	杨旺庆	付燕君
	黄美艳	黄海英	刘小敏	刘丽萍	刘建伟	刘艳如
	孙玉梅	孙志虹	陈云龙	何三花	郭坤平	莫义亮
	唐　玲	王春菊	叶金强	吕利萍	张　卉	赵丽丽
摄　　影	封昌丽	刘志刚	刘　计	谢振国	赵雷松	卢致进
	罗永亮	孟庆才	邹文清	郑　红	胡永杰	张　洁
图片整理	张　晶	武万里	周亚丽	何东键	胡晶爽	齐　凤

出 版 人　李　梁
策划责任编辑　孟　波　冯　越
执行责任编辑　张　超
音乐策划　朱　鑫
封面设计　水长流文化
开　　本　710mm×1000mm　　1/16
字　　数　300千字
印　　张　20
印　　数　1－8000册
版　　次　2015年5月第1版
印　　次　2015年5月第1次印刷

出　　版　吉林科学技术出版社
发　　行　吉林科学技术出版社
地　　址　长春市人民大街4646号
邮　　编　130021
发行部电话/传真　0431-85635181　85635177　85651759
　　　　　　　　　　85651628　85600611　85635176
储运部电话　0431-86059116
编辑部电话　0431-85642539
网　　址　www.jlstp.net
印　　刷　长春百花彩印有限公司

书　　号　ISBN 978-7-5384-8710-7
定　　价　49.80元

做妈妈是一件伟大的事情，不仅仅是因为要无私地为孩子奉献母爱，也是因为成功养育一个出色的孩子非常不容易。所以说做母亲是女人一生最宏伟的事业。

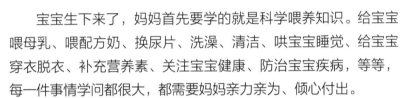

宝宝生下来了，妈妈首先要学的就是科学喂养知识。给宝宝喂母乳、喂配方奶、换尿片、洗澡、清洁、哄宝宝睡觉、给宝宝穿衣脱衣、补充营养素、关注宝宝健康、防治宝宝疾病，等等，每一件事情学问都很大，都需要妈妈亲力亲为、倾心付出。

看着宝宝娇萌可爱的样子，睁着一双乌溜溜的黑眼睛追着你看，对你甜甜地咯咯笑，咿咿呀呀地叫着"妈妈"，会走后像个小尾巴一样黏着你，你会迷醉在甜蜜的快乐里，一切辛苦都会烟消云散！

爱孩子是母亲都会做的事，教孩子却是做父母成功的关键。不同的宝宝天生气质就不同，教养方式也有差异，需要因材施教。从婴儿期就开始培养宝宝高情商、塑造宝宝完美的性格、让宝宝从小养成好习惯，这块璞玉会在你精心雕琢下生成一朵光彩夺目的玉莲花。

天才不只生成于上天赐予的天赋，与早期的教育息息相关。胎儿时期的胎教可以刺激宝宝的发育，婴幼儿时期的早教可以提升宝宝的智能发展。

宝宝的视觉、听觉，语言能力、记忆力、思维能力、想象力、创造力、社交能力，精细动作、大动作等等，在0~3岁会飞速发展。如果得到积极引导和启发，他可以远超同龄孩子，成为小天才。

上篇／喂养

PART 1

0～3个月的宝宝

PART 2

4～6个月的宝宝

PART 3

7～9个月的宝宝

PART 5

13～15个月的宝宝

PART 4

10～12个月的宝宝

PART 9

25～27个月的宝宝

PART 10

28～30个月的宝宝

PART 11

31～33个月的宝宝

PART 12

34～36个月的宝宝

中篇／**教养**

PART 4

好习惯从小养成

下篇 / 启智

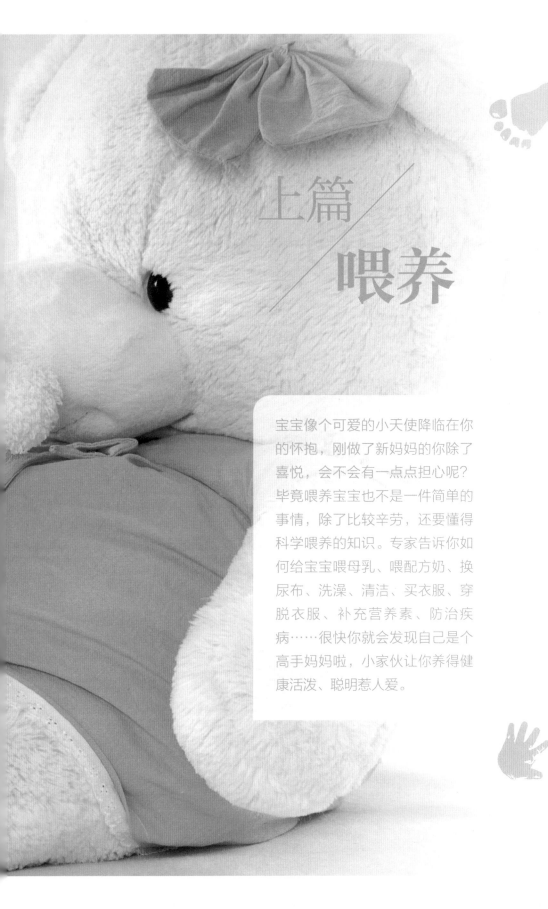

上篇／喂养

宝宝像个可爱的小天使降临在你的怀抱，刚做了新妈妈的你除了喜悦，会不会有一点点担心呢？毕竟喂养宝宝也不是一件简单的事情，除了比较辛劳，还要懂得科学喂养的知识。专家告诉你如何给宝宝喂母乳、喂配方奶、换尿布、洗澡、清洁、买衣服、穿脱衣服、补充营养素、防治疾病……很快你就会发现自己是个高手妈妈啦，小家伙让你养得健康活泼、聪明惹人爱。

PART 1

0~3个月的 宝宝

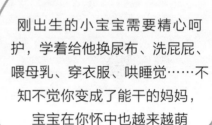

刚出生的小宝宝需要精心呵护，学着给他换尿布、洗屁屁、喂母乳、穿衣服、哄睡觉……不知不觉你变成了能干的妈妈，宝宝在你怀中也越来越萌宠可爱。

宝宝的身体发育

这个时期是宝宝身体发育最快的时候，体重每月增长约1千克，身高每月增长约4厘米；头围将增加约1.25厘米。2个月时宝宝头上的囟门仍然开放而扁平，宝宝看起来有点圆胖，但当他更加主动利用手和脚时，肌肉就开始发育，脂肪将消失。满3个月时，身高较初生时增长约1/4，体重已比初生时增加了1倍，男宝宝体重平均6.7千克，身长平均62.0厘米；女宝宝体重平均6.13千克，身长平均60.6厘米。

选购奶瓶

奶瓶是选购婴儿用品的第一步，不仅要考虑奶瓶的材质，还要考虑设计和奶嘴等问题。

材质

一般来说，奶瓶材质主要分玻璃和塑料两大类，另有少数品牌有硅胶等材质的。塑料又有PPSU、PES、PP三大类。玻璃的最稳定安全，但易破损。塑料的三大材质里，PPSU最安全，其次是PES，最后是PP。考虑是新生儿用，最好首选玻璃的。

设计

对新生儿来说，防止呛奶很重要，在选择奶瓶的时候尽量选择有防呛奶设计的，这样使用起来会更方便、更安全。好的品牌奶瓶都有自己的设计特点，应根据自己的需求购买。

奶嘴

奶嘴常见的有橡胶、硅胶两种材质。橡胶奶嘴质地更柔软，质感更接近母亲乳头，但是容易老化；硅胶奶嘴相比较硬一点，但耐热抗腐蚀性较好。出于安全考虑，新生儿最好首选硅胶奶嘴。

选购吸奶器

吸奶器有手动和电动两种。手动吸奶器不需要电源或电池，方便随时随地使用，吸力和频率可以完全由自己控制，价格比电动吸奶器更实惠。电动吸奶器需要电源或者电池，使用起来相对省时省力，价格比手动吸奶器要贵，吸力无法像手动吸奶器那样自由调控，可能因吸力不当导致乳房疼痛。因此，对于哺乳妈妈来说，手动吸奶器用起来更舒适。

妈妈们在购买吸奶器时，要尽量选择知名品牌，要去正规的代理商店或者商场专柜购买，大型超市也可以。

选购新生儿衣服

新生儿穿的衣服最好简单、宽松，容易穿脱。材质最好选用纯棉的，这样对新生儿皮肤的刺激性小，而且纯棉材质的衣服更容易清洗。

颜色方面，尽量选择白色、浅粉、浅蓝、浅黄等浅色衣服来避免染色剂的刺激，而且浅色衣物一旦弄脏，更容易发现。

尺寸上，宽松点的衣服可以让宝宝感觉轻松、舒适，四肢活动也能更自由。

上衣可选无领、斜襟、系带的和尚服，掩襟应略宽过中线，在腹前或腋下系布带，后襟应比前襟短1/3，以免尿便污染和浸湿。下身可穿连腿套裤(用松紧搭扣与上衣相连)，一方面便于更换尿布，另一方面避免换尿布时下肢受凉。

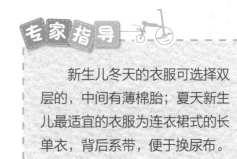

专家指导

新生儿冬天的衣服可选择双层的，中间有薄棉胎；夏天新生儿最适宜的衣服为连衣裙式的长单衣，背后系带，便于换尿布。

珍贵的初乳

所谓初乳，是指产后头几天内的乳汁，质稠而带黄色，因初乳颜色太黄，所以有的妈妈认为"初乳"是"坏乳"而白白挤掉，实在是很可惜的。

其实，初乳营养价值很高，含有丰富的蛋白质、脂肪、乳糖、矿物质；同时还含有大量的分泌型免疫球蛋白，它能杀死破伤风杆菌、百日咳杆菌、肺炎双球菌及引起腹泻致病的大肠杆菌，且能抵抗麻疹、小儿麻痹等病毒，比其他时间的母乳抗病能力更强，对新生儿发育和抗感染十分重要。

早接触和早吮吸

分娩后要做到早接触、早吸吮，这是保证母乳喂养成功的关键。

早接触是指母婴之间的皮肤接触。母婴皮肤接触应在出生后30分钟以内开始，接触时间不得少于30分钟。当新妈妈怀抱宝宝时，便会把深厚的爱带给宝宝，母婴都会在精神和心理上感到愉快和满足。

早吸吮是指宝宝出生后30分钟以内开始吸吮乳房。宝宝尽早吸吮乳头，可使母体内产生泌乳素和催产素，两者同时诱发泌乳反射和喷乳反射，促进乳汁分泌及流出。

在医护人员指导下哺乳

分娩后宝宝早早开始吸吮乳房了，新妈妈要学会怎么给宝宝喂母乳。如果不会喂奶的话，可以请护士帮忙。医护人员会指导新妈妈喂母乳，及时处理乳胀、乳头皲裂等情况。要按需哺乳，让宝宝多吸吮。产后第3天会出现生理性乳胀，只要坚持让宝宝正确地吸吮，通常都能将乳腺管疏通。

住院时开始亲子同室

现在提倡母婴同室，一般大医院都这么做了。新生儿产出后将新妈妈和宝宝24小时安置在一个房间里，由新妈妈自己料理宝宝的保暖、喂养、换尿布等事情。在产院期间母子一直生活在一起，医疗和其他的操作每天分离不超过1小时。这种措施一般适用于正常足月儿及1500克以上的早产儿。

母婴同室可以促进乳汁分泌，提高母乳喂养率；新妈妈可以在医护人员的指导下护理宝宝，及时发现异常情况，提高护理质量；宝宝在妈妈身边可以熟悉妈妈的味道，听到妈妈的声音，增进母子感情，而且促进宝宝的生长发育。

时常和医护人员交流

虽然学了不少宝宝护理知识，但护理起来新妈妈可能还是会遇到不少问题。住院期间，要多和医护人员交流，当医护人员指导如何哺乳、喂水、换尿布等事项时，要用心听、用心看，不懂的多问。在护理宝宝过程中，遇到问题要及时向医护人员求助，虽然他们都很忙，但一定会给予最好的帮助。发现宝宝有异常情况，更要及时告诉医护人员，以免危及宝宝安全。

护理人员需要帮助妈妈或家属共同完成宝宝的喂养与护理。不要担心麻烦医护人员，这是他们应尽的职责。

专家指导

如果宝宝生下来没什么问题，2小时内会抱来放在妈妈旁边的宝宝小床。每天早上护士会给宝宝洗澡，其他的护理事宜均由妈妈自己操作。

住院期宝宝要注意保暖

　　宝宝的皮肤温度不能像大人一样，随着外界温度的变化而调节。新妈妈护理宝宝时，必须注意保暖，特别是在寒冷的冬季。在室温24℃～25℃，身体只需通过血管舒缩的变化即可维持正常体温，不需出汗散热或加速代谢产热，此温度最有利于新生儿的健康。

　　寒冷季节宝宝臀红明显时，可以用电吹风在红臀局部吹烤，每日3～4次，每次5～10分钟。电吹风不可离皮肤太近，以防烫伤。

住院时勤看尿布及时换

　　住院期间宝宝大多用方便的纸尿裤。新妈妈照顾宝宝要注意勤看纸尿裤，尿裤湿了、脏了要及时换。每次换尿裤后用温热毛巾将宝宝臀部擦干净，有时因尿液刺激使臀部皮肤发红，这时可涂少许无菌植物油。

观察新生宝宝大小便

　　新妈妈护理宝宝时要注意宝宝的大小便，及时发现异常情况。

　　新生儿往往在生产过程中排出第一次小便，生后第一天可能没有尿或者排尿4～5次，以后根据摄入量逐渐增长，24小时可达20次。如果生后48小时仍无尿，则要考虑有无泌尿系统的畸形，可先喂糖水并注意观察。

　　新生儿出生24小时内排出胎便。胎便是由胃肠分泌物、胆汁、上皮细胞、胎毛、胎脂以及咽进去的羊水所组成的，颜色黑绿黏稠，没有臭味。随后2～3天排棕褐色的过渡便，以后就转为正常大便了。母乳喂养的宝宝，大便呈黄色或金黄色，软膏样，味酸不臭。

把握好喂奶时间

　　关于具体喂奶时间，一般地说，初生时正常体重在3.5～4千克的新生儿差不多每4个小时喂一次奶，每日喂奶6次。即：上午6点、10点钟，下午2点、6点、10点钟，夜间2点钟。

如果宝宝食量大、胃口好，也可改为每3小时喂一次奶；如果是母乳喂养，而母亲的乳汁不足，甚至可以改为每2小时喂一次。

随着宝宝的长大，喂奶的间隔时间可以慢慢延长。

掌握每次喂奶量

刚出生的新生儿每次约50毫升，一天6次。随着天数增加，每次增加到120毫升，喂的次数就减少了。

1个月的宝宝都是按需喂养的，宝宝能吃多少就喂多少。可以通过观察宝宝的大小便来判断，吃饱的宝宝尿布24小时湿6次及6次以上，大便软，呈金黄色、糊状，每天2~4次。

2个月的宝宝一天的奶量在600~700毫升，一天可以分6~7次，每次间隔3~4小时，每次80~100毫升左右。

3个月的宝宝一天奶量在800毫升左右，分5~6次，每次大约在150毫升。夜间喂奶比白天间隔时间长一些，要有意识地把间隔时间拉长。

哺乳的4种姿势

给宝宝喂奶是件很辛苦的事。尤其是新妈妈，一开始喂奶多数都比较笨拙，下面为新妈妈介绍几种正确的哺乳姿势，可试着变换，直到舒服为止。

侧躺抱法

让宝宝在妈妈身体一侧，用前臂支撑宝宝的背部，颈和头枕在妈妈的手上。如果妈妈刚刚从剖宫产手术中恢复，那么这样是一个很合适的姿势，因为这样对伤口的压力很小。

这种姿势易于观察宝宝是否已叼牢乳头，形成有效的哺乳；乳房较大的妈妈会比较舒适，因为宝宝的胸部可协助支持乳房的重量；当乳房胀满时，该姿势有利于调整乳房的形状。

橄榄球抱法

让宝宝躺在一张较宽的椅子或者沙发上，将他放在妈妈的手臂下，头部靠近妈妈的胸部，用妈妈的手指支撑着他的头部和肩膀。然后在宝宝头部下面垫上一个枕头，让宝宝的嘴能接触到妈妈的乳头。橄榄球抱姿适用于吃奶有困难的宝宝，也有利于妈妈观察宝宝，随时调整宝宝的位置。

摇篮抱法

用妈妈手臂的肘关节内侧支撑住宝宝的头，使他腹部紧贴住妈妈，另一只手托住乳房。因为乳房露出的部分很少，托起来哺乳的效果会更好。这是通常最简便易学的姿势，是多数妈妈最常用的姿势。

斜倚抱法

在分娩后的前几天，妈妈坐起来仍有困难，这时，以半躺式的斜倚姿势喂哺宝宝便最为适合。腿部及背部垫枕头，使宝宝的头部躺在手臂上。

给宝宝拍嗝讲技巧

宝宝吃奶后会出现溢奶、吐奶现象，也有可能把奶汁吸入到气管内，引起窒息。因此喂奶后应及时帮宝宝拍嗝。拍嗝的方法主要有以下几种。

直立抱在肩上

不论是站还是坐，妈妈都要将宝宝尽量直立抱在肩膀上，用手部及身体的力量将宝宝轻轻扣住，再用手掌轻拍在宝宝的上背部即可。

拍嗝前妈妈在自己肩上放置小毛巾，以防宝宝溢奶、吐奶；拍嗝时用一定的力量将宝宝固定抱住，但是要注意不能遮住宝宝的口鼻；拍打和按摩可以交叉使用，试过几次之后，如果宝宝还是没有打嗝，可将宝宝换到另一侧肩膀再继续拍。

端坐在大腿上

妈妈坐着，让宝宝朝向自己坐在大腿上，一只手撑在宝宝的头、下腭及肩膀之间，另一只手轻拍宝宝的上背部即可。

拍嗝前准备好小毛巾，随时防止宝宝溢奶、吐奶；拍打和按摩可以交叉使用，试过几次之后，如果宝宝还是没有打嗝，可将宝宝换到另一条腿上继续拍。

侧趴在大腿上

妈妈坐好，双腿合拢，将宝宝横放，让其侧趴在腿上，宝宝头部略朝下。妈妈以一只手扶住宝宝下半身，另一只手轻拍宝宝上背部即可。

拍嗝前在妈妈大腿上放置小毛巾，以防宝宝溢奶、吐奶。

此姿势更适合月龄较小的宝宝，为了防止宝宝滑落，要适当用力把宝宝身体固定在妈妈大腿上。

判断宝宝是否吃饱的方法

一般来说，如果新妈妈乳房饱满，喂哺后乳房明显变软，饱胀感消失；宝宝每次吃奶后能够安静地睡上2～3小时，醒来后精神愉快，体重增长速度正常；每天大便2～4次，大便色泽金黄，呈黏糊状、稠粥状或成形，则表示宝宝已经吃饱了。

相反，如果新妈妈乳汁较少，每次喂奶前乳房饱胀感不明显，宝宝吸吮费力，没吃几口就睡着了，入睡后不到1～2小时就醒来，醒来后哭闹，大便量少或呈绿色稀薄样大便，体重增加缓慢，就要考虑宝宝没吃饱。

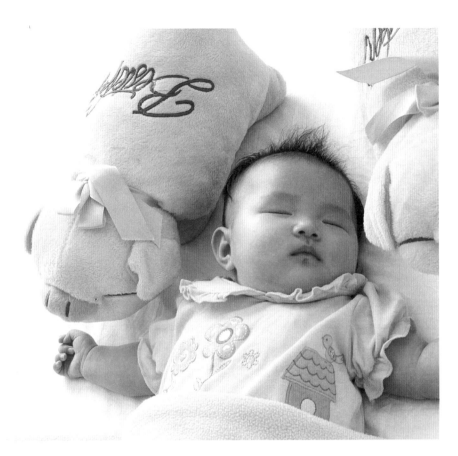

学会夜间喂奶

1 不要让宝宝整夜含着乳头。含着乳头睡觉，会养成宝宝不良的吃奶习惯；可能在妈妈熟睡翻身的时候，乳房盖住宝宝的鼻子，导致宝宝呼吸困难甚至窒息。

2 谨防宝宝着凉。夜间给宝宝喂奶，很容易感冒，在给宝宝喂奶前，记得把窗户关好，并用较厚的毛毯把宝宝裹好。喂奶时注意把宝宝四肢裹严。

3 夜间按需喂养。到了喂奶时间，宝宝仍熟睡未醒，可延长喂奶的时间间隔。待宝宝醒来时，确实饿了再喂奶。

4 夜间喂宝宝，灯光要暗，将互动减到最低限度。尽量不要刺激宝宝，安静地给他换尿布，喂他，然后放他上床睡觉。

什么是人工喂养

人工喂养是当妈妈因各种原因不能喂哺宝宝时，可选用牛、羊乳等兽乳，或其他代乳品喂养宝宝，这些统称为人工喂养。人工喂养需要适量而定，否则不利于宝宝发育。

母乳喂养只能是妈妈一个人来做，而人工喂养可以让爸爸、爷爷、奶奶、外公、外婆、保姆等都来参与，这样可以减轻妈妈的劳累，让宝宝和更多的家人亲密接触。

学会挑选配方奶

1 选择和母乳配方越相近的奶粉，对宝宝的生长发育越有利。注意营养成分是否齐全，含量是否合理。营养成分表中一般要标明热量、蛋白质、脂肪、碳水化合物、维生素类、微量元素，或者还要标明添加的其他营养物质。此外，应尽量选择植物油配方的奶粉。

2 大企业的产品配方设计较为科学、合理，产品质量也有所保证。现在市面上有不少医药公司背景的奶粉品牌，其品牌可信赖度和产品质量更有保障。

3 要看产品的冲调性和口感。很多妈妈觉得泡沫多的奶粉不好，其实这是

专家指导

奶粉没有最好，只有适合宝宝的奶粉才是好奶粉。适合宝宝的奶粉，首先是食后无便秘、无腹泻，体重和身高等指标正常增长，宝宝睡得香，食欲也正常；其次是宝宝无口气，眼屎少，无皮疹。

个误区。泡沫多的原因是因为不添加任何消泡剂，只要冲调得慢一些就可以充分溶解。不加添加剂对宝宝的健康更为有益。

学会调配奶粉

怎么样调配奶粉比较适合呢？太浓的，宝宝的肠胃难以吸收，造成小儿消化不良；新生儿如果长时间吃调得太稠的奶粉，容易造成营养不良。如果母乳不足，调配奶粉是爸爸妈妈学习的重要任务之一。

按体积配制

奶粉的表面密度为0.5~0.6克/毫升，因此冲调时应按奶粉与水1：4的比例，即一平匙奶粉加4平匙水冲调。

按重量计算

按1：8的比例，即10克全脂奶粉可以加水到80毫升，也要注意配足每次宝宝的需要量。

按说明调配

市面销售的各种品牌的婴儿奶粉产品外包装上，注明了不同年龄阶段小儿奶粉用量和调配方法。喂前应仔细阅读说明来调配奶粉。

冲奶粉的方法

第一步，在冲泡奶粉前，要将双手洗干净。

第二步，用奶粉附带的量匙，盛满、刮平，倒入奶瓶中。需要注意，冲泡前要阅读奶粉罐上的说明，不要自行添加奶粉或冲泡的水量。

第三步，奶粉添加完毕后，少量倒入40℃左右的水，左右轻轻地摇晃奶瓶，使奶粉溶解。然后仍然使用40℃左右的水补足到标准的容量。奶瓶上的刻度能帮助你精确地达到标准。

第四步，继续摇晃奶瓶，直到奶粉完全溶解。记住摇晃奶瓶时不要太过用力，不要上下摇晃，以免形成泡沫和气泡。

第五步，用手腕的内侧感觉奶粉温度的高低，温热的感觉是最好的。

第六步，盖上锁紧环和奶嘴，就可以给宝宝喂奶了。

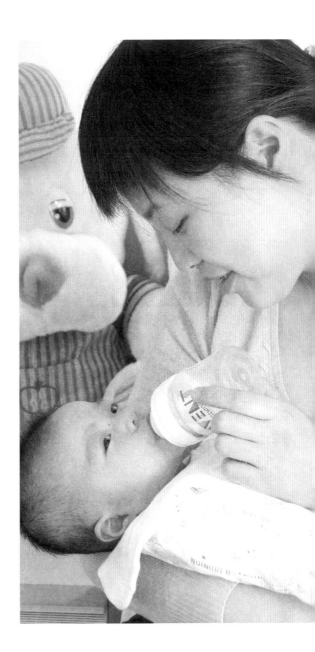

给宝宝添加鱼肝油

一般情况下，宝宝从出生后3~4周起，可以加服浓缩鱼肝油。开始每天一滴，逐步增加，但最多不要超过5滴。若是早产儿、双胞胎以及患消化道疾病的新生儿，则应从出生后第2周后就开始添加鱼肝油，每天最多不超过5~7滴，一个月后改为每天3~5滴。

选购鱼肝油

1 选择不加糖分的鱼肝油，以免影响钙质的吸收。

2 选择单剂量胶囊型的鱼肝油，避免二次污染。

3 选择铝塑包装的鱼肝油，避免维生素A和维生素D氧化变质；选择科学配比3：1的鱼肝油，避免维生素A过量，导致宝宝中毒。

4 选择知名企业生产的鱼肝油，更加安全可靠；选择有国药准字，有"OTC"药品标记的维生素AD产品更安全。

给宝宝喂鱼肝油的方法

用滴管吸出一定剂量的鱼肝油滴，放进宝宝嘴角内或者舌头下，便于宝宝慢慢舔入。不宜将鱼肝油滴入奶瓶内服用。鱼肝油适合在喂奶后半个小时以后吃。

鱼肝油不是越多越好，喂宝宝吃过多鱼肝油是会中毒的。一般每天1~2滴，也就是400~500国际单位的维生素D，最少要吃上2~4个月。

正确包裹新生儿

中国的传统是把宝宝包得像一截直溜溜的蜡烛，也就是"蜡烛包"。有的还要在包被外系上绳子，防止由佝偻病形成的罗圈腿。殊不知，宝宝不是蜡烛，捆绑是不能使之成型的。

应该让宝宝的双腿叉开，处于像青蛙腿样的自然姿势，或用尿不湿包上后，外面再松松地裹上毛毯等，以防宝宝受凉。这样不仅满足了宝宝自由发展的需要，而且还能治愈一部分轻度先天性髋关节脱位的宝宝。

专家指导

鱼肝油的俗称又叫维生素AD，维生素A可促进眼睛的发育，对保持夜间的视觉和上皮细胞的完好有重要作用；维生素D具有促进钙的吸收和推进骨骼钙化的功用。

给宝宝穿衣

新生儿的穿衣顺序是先穿上衣再穿裤子。

穿套头衫

首先，让宝宝坐在妈妈一条腿上，用左臂固定好他的身体。双手撑开衣领口，迅速但轻柔地穿过宝宝的头部，套在他的脖颈处。然后，为了尽量减轻宝宝的不适感，可以先把一只袖子卷起来，妈妈的手从中间穿过去，握住宝宝的手腕，然后从袖子中轻轻拉过，顺势把衣袖套在宝宝的手臂上，另一只衣袖也是这样穿。

穿连体服

穿连体婴儿服要从脚部穿起。妈妈将一条裤腿捋成一个圈，套入宝宝的一只脚，然后展开裤腿，另一条裤腿也是这样穿。妈妈一手握宝宝的脚踝，轻轻抬起他的双腿，将连体服套过宝宝的屁股。连体服上身的穿法和穿套头衫类似。连体服穿上后，让宝宝朝一边侧卧，双臂张开趴在床上，妈妈系上宝宝身后的衣服扣子。有些连体服的扣子在前面，就不需要翻转宝宝了。

宝宝佩戴饰物有隐患

宝宝在睡眠中经常改变姿势，宝石、金银器等挂件上的细绳或细链易勒伤脖子，或引起血液流通不畅，甚至影响呼吸。饰物上的线绳一般细而结实，宝宝们在游戏时，其他宝宝如果出于对饰物的好奇去拉拽，也很容易勒伤宝宝的颈部，严重时甚至会割破气管。挂件很容易卡在大型玩具的夹缝中，从而发生意外，危及宝宝生命安全。

宝宝的金银手链或脚链，有些上面还拴着铃铛，会造成误吞、划伤、刺伤、割伤等意外伤害。

不同的抱宝宝姿势

横抱

可让宝宝横躺在妈妈前臂上，用手掌托住他背部，手指捏住外侧臀部及大腿根，宝宝的头和颈搁在臂弯处，胸腹近侧靠近妈妈的胸及上腹部，妈妈另一手还可用玩具逗引宝宝或做其他事。

坐式抱

待宝宝头部能竖直时，可采坐势怀抱，宝宝臀部及两下肢置于新妈妈坐着的大腿上，上身坐直，宝宝脸向一侧，用一手臂绕过宝宝颈背握住外侧腋下，将宝宝另一侧肩身紧靠新妈妈胸前。

竖抱

让宝宝伏于新妈妈肩上，将宝宝抱直，胸腹紧贴新妈妈前胸，一手臂绕背抓住对侧宝宝上肢。宝宝头尚不能竖稳时可将手掌托住宝宝头和颈，新妈妈另一手从背后托住宝宝臀部和双腿，撑住全身重量，紧紧抱住宝宝，这样可锻炼宝宝头颈部肌肉，训练竖头抬头动作。

纸尿裤PK尿布

纸尿裤与尿布各有利弊，那又该如何选择呢？

选择纸尿裤的理由

1️⃣ 方便快捷。使用纸尿裤能方便快捷地处理好宝宝"拉"的问题，能腾出更多的时间让新手爸妈休息及与宝宝联系感情。

2️⃣ 整洁舒适。给宝宝穿上纸尿裤既整洁又舒适，这比给宝宝夹块尿布要强多了。

选择尿布的理由

1️⃣ 安全、无刺激。尿布都是用棉布做的，对宝宝来说，是绝对安全没有刺激的。

2️⃣ 定时把尿，培养排尿习惯。给宝宝用尿布，我们就会定时给他把把尿，这样宝宝也容易养成排尿的习惯。

3️⃣ 经济实用。用尿布可重复使用，顶多花上几十块钱就够了，而纸尿裤则昂贵许多。

专家指导

选择吸湿力强、内外表层柔软、具有透气腰带和腿部裁高设计的的纸尿裤，如果看起来像是裹着一层塑料纸的纸尿裤，即使价格便宜也不要买。

给宝宝换纸尿裤

先用清水或者消毒纸巾充分擦洗干净自己的双手，彻底清洁宝宝的小屁屁。

然后，打开新的纸尿裤，提起宝宝双脚，将其臀部抬高，抽出脏尿裤；一根手指放在宝宝两踝中间，把新尿裤垫在宝宝臀部下，有胶带部分朝向腰部方向，尿布上边缘齐腰。假如是男宝宝，先用右手手指将小鸡鸡按下，再将尿裤下端向上包起来。

最后，撕开两侧胶带，粘于尿裤不光滑面。纸尿裤的松紧度以食指能插入宝宝腹股沟处为宜，不可太松也不可太紧。如果太松，解开胶粘，重新定位粘好。

给宝宝洗脸有讲究

宝宝洗脸一般早晚各一次，夏天出汗多，适当增加洗脸次数。水温一般控制在35℃~41℃。宝宝的脸盆、毛巾等应该专用，并定期清洗、消毒，毛巾最好选柔软的棉纱织品。洗脸步骤如下：

1 清洗脸盆，倒入适量的温水，并调试水温（用水温计或你的手腕内侧测试）。

2 让宝宝平躺在床上，或者抱起来，妈妈面朝宝宝，左手掌托住宝宝的头颈部。

3 右手先将小毛巾沾湿，放在手心挤掉多余水分，然后将毛巾抖开。

4 洗眼睛时，用小毛巾的两个小角由内向外清洗。

5 剩下的另外两个角分别清洗耳朵、耳孔。

6 清洗毛巾或者换一条干净的毛巾再擦前额、面颊、嘴角、下颌及颈部等余下部位。

7 最后检查一下耳、眼、口、鼻中是否有残留的水分，然后用清洁棉棒吸干净。

一般用清水洗脸，不用香皂、洗面奶。给小宝宝洗脸时，动作要轻、慢、柔，切莫擦伤了肌肤。

这样给宝宝洗眼屎

小宝宝的眼部经常会有一些分泌物，俗称眼屎，如何给宝宝清理眼屎呢？

1 洗手。妈妈先用流动的清水将手洗净。

2 浸湿。消毒棉球在温开水或淡盐水中浸湿，并将多余的水分挤掉(以不往下滴水为宜)。

3 湿敷。如果睫毛上黏着较多分泌物时，可用消毒棉球先湿敷一会儿。

4 擦拭。再换湿棉球从眼内侧向眼外侧轻轻擦拭。

注意：一次用一个棉球，用过的就不能再用，直到擦干净为止。

正确清洗宝宝乳痂

一般要先将植物油加热消毒，放凉以备使用。在为宝宝清洗头皮乳痂时，先将冷却的清洁植物油涂在头皮乳痂表面，不要将油立即洗掉，需等待1~2小时左右，头皮乳痂就会变得松软，然后再用温水轻轻洗净头部的油污。依乳痂的轻重，每日清洗，一般3~5天即可消失。清洗时注意室温应在24℃~26℃，在清洗后还要注意用干毛巾将宝宝头部擦干，防止宝宝受凉。

给小宝宝剪指甲

给宝宝剪指甲时，宝宝会很不配合，叫妈妈无从下手，不是将宝宝的指甲剪得太深，就是把手指肌肉剪着，要想顺利，妈妈应该掌握一些小窍门：

1 宝宝躺卧床上，妈妈跪坐在宝宝一旁，再将胳膊支撑大腿上，以求手部动作稳固。

2 妈妈的左手逐一轻轻拿起宝宝的手指（脚趾），令其伸直，右手轻捏指甲钳，横向剪一下即可。要把指甲剪成圆弧状，不要太尖。

3 剪完后，妈妈用自己的拇指肚，摸一摸有无不光滑的部分。

4 如果边缘锐利或有毛刺，可以用指甲锉轻锉尖锐处，直至指甲边缘光滑。仔细观察宝宝的指甲，看看周围是否有倒刺，如果有倒刺，用指甲钳剪掉。

5 一只手的指甲剪完后，换手，剪完双手，用消毒棉球沾洁净的水，将小手擦拭干净，尤其是指尖。

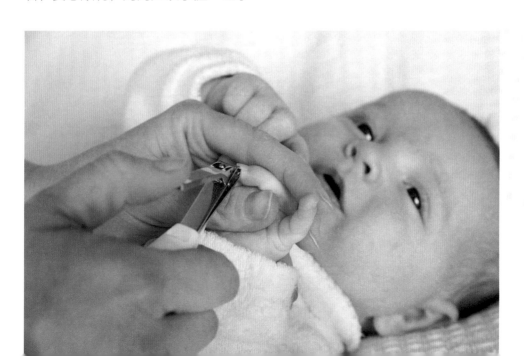

宝宝患黄疸莫急

新生儿从出生3～5天就会生出黄疸，黄疸指数一般情况下不超过15mg/dL，这是正常范围，是生理性黄疸，不用太紧张。

1 每天早晚给宝宝喂30毫升的白开水，在白天也要适量喝水，让宝宝尽早排掉体内的黄疸。

2 发现新生儿黄疸指数高的时候，给宝宝喝点儿葡萄糖水，这是去黄疸的有效方法。

3 每天早上10点左右，给宝宝晒太阳，要尽量多晒到宝宝的皮肤，但是不要晒到眼睛。

如果以上方法都不管用，那么就停止喂母乳2～3天，因为黄疸高形成的原因可能是母乳。

如果长时间不退，黄疸指数也很高的话，就可能是病理性黄疸了，建议到医院进行治疗。

新生儿窒息

新生儿窒息指的是婴儿由于产前、产时或产后的各种病因，在出生以后没有自主呼吸，但有心跳，导致低血氧和混合性酸中毒。

新生儿窒息的复苏应由产、儿科医生共同协作进行。事先必须熟悉病史，对技术操作和器械设备要有充分准备，才能使复苏工作迅速而有效。

预防新生儿窒息需要加强围产期保健，及时处理高危妊娠；加强胎儿监护；避免难产。

新生儿硬肿症

新生儿硬肿症，是寒冷损伤、感染或早产引起的一种综合征，其中以寒冷损伤为最多见，称寒冷损伤综合征。多发生在出生后7～10天内，体温不升，在5℃以下，重症低于0℃，肛温可能低于腋温，皮肤和皮下组织出现硬肿，皮肤呈浅红或暗红色，严重循环不良者可呈苍灰色或青紫色。

预防重于治疗，做好围生期保健工作，加强产前检查，减少早产儿的发生。新生儿一旦娩出即用预暖的毛巾包裹，移至保暖床上处理。对高危儿做好体温监护。

宝宝患了硬肿症要做好以下护理:
1 采取逐渐复温方式，一般要求在12～24小时内使体温逐渐恢复正常，并使体温维持在36℃～37℃之间。

2 勤给宝宝翻身，以防局部压伤或局部缺血而导致组织坏死。

3 复温至34℃时，为了供给宝宝足够的热量，应开始喂奶，如一般状况好转，则可逐渐增加奶量。

4 注意环境的卫生和用品的消毒，预防继发感染及并发症的发生。

新生儿肺炎

新生儿肺炎分为吸入性肺炎和感染性肺炎两大类，也可同时并存。

口吐白沫、精神萎靡、吃奶呛、不吃奶、有时烦躁不安、呕吐、面色青灰或苍白、鼻翼翕动、闭口吹气、点头呼吸、呼吸不规则甚至暂停、低热或不发热，甚至体温过低全身发凉、不咳嗽，这些是新生儿肺炎的症状。

多数新生儿患肺炎需要住院治疗，一般住院时间需要1～2周，待肺炎的症状消失，宝宝能够正常地吃奶，其他化验检查恢复正常，就可以出院了。

专家指导

宝宝出院回家后，要保持室内空气新鲜，维持合适的温度和湿度；穿衣盖被不要影响宝宝呼吸，常变换宝宝体位，防止肺瘀血；清理宝宝鼻腔，防止呼吸不畅；注意喂奶，防止呛奶。

PART 2

4~6个月的
宝宝

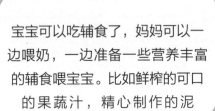

宝宝可以吃辅食了，妈妈可以一边喂奶，一边准备一些营养丰富的辅食喂宝宝。比如鲜榨的可口的果蔬汁，精心制作的泥糊、汤粥等。

宝宝的身体发育

这个时期的宝宝生长速度也很快，仅次于最初的三个月，仍需要大量的热能和营养素。一般说来，体重平均每个月增加约700克，身长平均每个月增加约2.5厘米，头围平均每个月增加约1.5厘米。宝宝眉眼等五官长开了，脸色红润而光滑，变得更可爱。满6个月时，男宝宝体重平均8.41千克，身长平均68.4厘米；女宝宝体重平均7.77千克，身长平均66.8厘米。

多余的乳汁及时挤出来

哺乳后，把乳房排空能使乳腺导管始终保持通畅，乳汁的分泌排出就不会受阻。乳汁排空后，乳房内压力降低，局部血液供应良好，也避免了乳导管内过高的压力对腺泡细胞和肌细胞的损伤，有利于泌乳和排乳。

乳房是个非常精细的生产线，宝宝吸吮次数越多，乳汁分泌也就越多。排空乳房的动作类似于宝宝的吸吮刺激，可促使乳汁的分泌。有些宝宝可能在出生的最初几天吸吮无力或次数不足，所以，在吸吮后排空乳房就显得更为必要。

妈妈在哺乳后可以在离乳头约3厘米处挤压乳晕，并沿着乳头从各个方向依次挤净所有的乳窦，以排空乳房内的余奶，这样做能促进乳汁分泌增多。

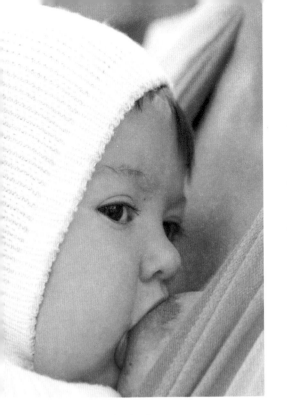

挤奶的正确方法

新妈妈的乳汁如果淤积的话，时间一长就容易造成乳腺炎。所以，哺乳期间新妈妈一定要注意保护好乳房，一旦涨奶就要及时挤奶。

1 挤奶前准备好干净的容器，洗干净双手及乳房，采用舒服的姿势并放松身心。

2 身体稍微前倾，一只手托着乳房，另一只手将拇指和食指分别放在乳头上，缓慢用力向胸壁方向挤压——松开——再挤压。

3 待乳汁流速减慢时，手指向不同方向转动，再重复挤压，直至乳汁排空。

注意：挤奶时，手指要固定，禁止挤压乳头和牵拉乳头。

怎样储存母乳

挤出的母乳倒了实在可惜，该如何储存奶水供给宝宝食用呢？下面介绍一些母乳保存的方法给大家。

1 如果只是偶尔需要储存母乳，你只需要提前一天把母乳挤出来放入冰箱的冷藏室即可。你可以选择把母乳储存在塑料奶瓶中，按照每份60毫升储存，因为太多了也是浪费。

2 如果你是为以后不确定的某天储存母乳的话，你需要在储存母乳的容器上加不容易脱落的便条，标明你挤奶的时间，并且把母乳放到冷冻室里。

3 如果哺乳妈妈去上班，就需要建立一套与在家看护宝宝的家人都认可的储存母乳的机制。最好用玻璃器皿存储母乳。

专家指导

乳汁吸出后必须马上冷藏。乳汁在冰箱中最多只能冷藏储存48小时，冷冻储存3个月。不要将解冻后的母乳再次冷冻，不要在冷冻保存的乳汁中加入新鲜乳汁。

母乳的保存期限

不同的储存方法，母乳的保存期限也不同。

室温保存

初乳（产后6天之内挤出的奶）：27℃~32℃室温内可保留12个小时。

成熟母乳（产后6天以后挤出的奶）：15℃室温内可保留24小时；19℃~22℃室温内可保留10小时；25℃室温内可保留6小时。

冰箱冷藏室保存

0℃~4℃冷藏可保留8天。

冷冻保存

冷冻箱的状况直接关系到母乳冷冻的保留的时长，假如在冰箱冷藏室里边的小冷冻盒保留，保留期为2周；假如是和冷藏室分开的冷冻室，常常开关门拿取物品，保留期为3~4个月；假如是深度冷冻室，温度保持在0℃以下，并不常常开门，则保留期长达6个月以上。

储存过的母乳会分解，看上去有点发蓝、发黄或发棕色，这都是正常现象。

哺乳前清洁乳房

喂宝宝喝奶前，新妈妈一定要做好乳房的清洁工作。都说病从口入，刚刚出生的宝宝更需格外注意。

新妈妈要挑选一块全棉毛巾，专门用来清洗乳房。每次喂宝宝前，用

温开水沾湿毛巾，轻轻擦拭乳房，特别是乳晕和乳头部位，动作要轻柔，不要太用力，以免擦破乳头上的皮肤。

如果用香皂、肥皂洗乳房，其中的碱性会将乳房表层的酸性保护层洗掉，容易引起乳房表皮层肿胀，促进细菌滋生。千万不可用香皂、肥皂、酒精等来擦洗乳头，否则会造成皮肤皲裂，影响喂哺。

扁平凹陷乳头的喂乳

宝宝必须将乳头深深地含入嘴里才能吸吮到母乳。

假如乳头是扁平的，宝宝要正确地含接可能会有困难。帮助扁平乳头外突的一个方法是：双手拇指分放乳头两侧，直接作用在乳头的底部，而不是乳晕的周围；两拇指冲着乳房组织用劲下压，同时外拉；绕着乳头的底部重复上述拉伸动作数次。

如果乳头是凹陷的，可以持续几天在两次哺乳中间戴上乳房罩或是在每次喂奶之前使用乳头牵引器，当乳头被拉出后，再进行哺乳。

宝宝厌奶怎么办

宝宝厌奶的现象普遍发生在4～6个月左右，甚至有的宝宝在3个月左右发生。

宝宝厌奶可能因为对周围环境的好奇心而分心，也可能是喜新厌旧、环境气氛不好，还可能是生长速度趋缓、生病。

厌奶期宝宝会因为不同因素而缺少食欲，只要宝宝的生长曲线在合理范围内，精神很好，也没有不舒服的症状，就不要强迫他吃东西。

哺乳时要减少外界的刺激，如果四周不断有人走动或有嘈杂声，容易分散宝宝的注意力而减低食欲，因此给宝宝一个安静的进食环境。

厌奶期也是宝宝告知爸妈该添加辅食的时候，如果担心辅食过敏又碰上厌奶时，可以先从低过敏食物如婴儿米粉开始添加，等到适应良好，再尝试其他低过敏食物。

专家指导

厌奶期的持续时间会因人而异，从1～2星期到半年都有。如果有疑问，还是要求助小儿科医师比较妥当。

溢奶了怎么办

宝宝溢奶的情况很多见，怎样预防宝宝溢奶呢？爸爸妈妈可以试试以下方法。

1 喂奶时要将宝宝抱起来喂奶，不要睡着喂奶。

2 若是母乳喂养，在母乳多的情况下，妈妈要稍压乳房，减缓乳汁流出速度，让宝宝能吸一口，咽一口。

3 若是人工喂养，喂奶时一定要将奶汁充满奶头，要求奶瓶应倾斜45°以上。

4 给宝宝拍嗝时，五根手指头并拢靠紧，手心弯曲成接水状，确保拍打时不漏气。而且每次拍嗝，可以伴随着宝宝喝奶过程分2~3次拍，不必等宝宝全部喝完。这样对宝宝的消化很有帮助。

5 宝宝喝完奶拍完嗝后，让他轻轻躺下，最好是侧躺。

6 对于消化功能不好的宝宝，可以让宝宝尝试游泳，因为游泳可以促进消化功能。

吐奶怎么办

如果宝宝吐奶了，一定要让宝宝的上身保持抬高的姿势。一旦呕吐物进入气管会导致窒息。如果宝宝躺着时发生吐奶，我们可以把宝宝脸侧向一边。

吐奶后，要多注意观察宝宝的状况。在宝宝躺着时要把宝宝头部垫高，或者索性把宝宝竖着抱起来。吐奶后，宝宝的脸色可能会不好，但只要稍后能恢复过来就没有问题。

另外，根据情况可以适当地给宝宝补充些水分。补充水分要在呕吐后30分钟进行。宝宝吐奶后，如果马上给宝宝补充水分，可能会再次引起呕吐。因此，最好在吐后30分钟左右用勺先一点点地试着给宝宝喂些白水。

吐奶后，每次喂奶数量要减少到平时的一半。等宝宝精神恢复过来，可以再给宝宝喂些奶。

了解乳头错觉

如果妈妈给宝宝加喂了配方奶，喂配方奶时需要使用橡皮奶头。橡皮奶头的奶孔比较大，奶头又长，宝宝往往不用费多少力气就能痛痛快快地吸到奶水。当再给宝宝吸吮妈妈的乳头时，宝宝就有了对比，觉得不如吸橡皮奶头那样轻松又省劲，由此变得很烦躁。于是，宝宝会像吸橡皮奶头那样猛劲地吸吮妈妈的奶头，导致乳头发生破损，造成感染、发炎，最终导致母乳喂养失败。这就是宝宝发生了乳头错觉。

专家指导

发生乳头错觉时，妈妈要耐心让宝宝多吸吮奶头，避免让宝宝吸吮橡皮奶头或安慰奶嘴。

奶粉不宜冲太浓

很多家长总认为宝宝的奶粉越浓越好，其实这样对宝宝是很不好的。

1 如果冲调太浓，会导致宝宝消化不良，排便困难；或因为宝宝肠胃功能较弱，导致营养吸收不足，出现拉肚子、体重不增加等问题。

2 奶粉中含有钠离子，宝宝饮用过高浓度的奶粉，会使血管壁压力增加，从而容易引起脑部毛细血管破裂。同时血液中钠的含量过高，也会影响钙的吸收，使宝宝身体发育迟缓，个子矮小。血钠含量过高同时会加重肾脏负担，对肾脏也有损伤。

3 过浓的奶粉意味着宝宝摄入过量的蛋白质，加之摄入水分减少，蛋白质分解代谢所产生的非蛋白氮物质就会在血浆内潴留，从而导致氮质血症，严重还会威胁宝宝的生命安全。

该给宝宝补铁了

众所周知，母乳是宝宝的最佳食品，它营养合理且易消化吸收。不过，医学专家也指出，母乳同时还是贫铁食物，母乳中的铁含量偏低。

宝宝在出生时可从母体获得消耗3~4个月的贮铁量，若在此之后仍未注意给宝宝补铁，那么就会引发宝宝缺铁及缺铁性贫血。

因此，妈妈在产后一方面要做到营养丰富，饮食多样，增加含铁食物的摄入，以提高母乳含铁量满足宝宝体内需要；另一方面要注意从宝宝出生后4个月起开始添加辅食，逐渐增加辅食的种类，并适当增加含铁食物的补充。

宝宝开始吃辅食了

世界卫生组织以及大部分营养及儿科专家都认为：在婴儿4~6个月时，开始为他添加辅食最理想。在4个月前，宝宝应完全由母乳或配方奶喂养，不必添加任何食物及其他饮料。满4个月后，就可以添加辅食了。

从4个月开始，宝宝进入了学习咀嚼及味觉发育的敏感期。一般情况下，婴儿五六个月开始对食物表现出很大的兴趣，此时添加辅食，宝宝乐意接受，也很容易学会咀嚼吞咽。如

果过早(4个月以前)添加辅食，因消化器官未发育成熟，会影响营养的消化和吸收，进而影响宝宝的健康。而过晚添加，婴儿不能获取额外的食品来填补能量和营养素的缺额，必将导致生长缓慢，增加营养不良和微量元素缺乏的危险性。

步步为营加辅食

给宝宝加辅食要循序渐进，步步为营。

一种到多种

按照宝宝的营养需求和消化能力逐渐增加食物的种类。开始只能给宝宝吃一种与月龄相宜的辅食，尝试3～4天或一周后，如果宝宝的消化情况良好，排便正常，再尝试另一种，千万不能在短时间内一下增加好几种。

从稀到稠

宝宝在开始添加辅食时，都还没有长出牙齿，只能给宝宝喂流质食品，逐渐再添加半流质食品，最后发展到固体食物。

从细小到粗大

宝宝的食物颗粒要细小，口感要嫩滑，锻炼宝宝的吞咽功能，为以后过渡到固体食物打下基础。在宝宝快要长牙或正在长牙时，妈妈可把食物的颗粒逐渐做得粗大，这样有利于促进宝宝牙齿的生长，并锻炼他们的咀嚼能力。

从少量到多量

每次给宝宝添加新的食品时，一天只能喂一次，而且量不要大，以后逐渐增加。

给宝宝喂蛋黄

蛋黄是4个月以上宝宝首选的蛋白质类辅食，它的致敏性低，比蛋清或其他蛋白质类食品更加安全；蛋黄中含有丰富的铁，新生儿体内储存的铁主要来自母体，仅够出生后四五个月造血之用；蛋黄中还含有卵磷脂、脂肪和蛋白质，营养很好，也很容易咀嚼、消化。

添加蛋黄时，将鸡蛋煮熟、剥壳，取出蛋黄，用勺背压成泥，加1勺水调成糊状。开始时每天喂一只蛋黄的1/4，以后逐渐增加到1/2，直至整个蛋黄。依然如同米粉一样，要调成糊状喂食。

专家指导

在喂宝宝蛋黄时，最好用小匙喂，以锻炼宝宝用匙进食的能力。如果宝宝吃后，没有腹泻等不良反应，可逐渐增加蛋黄的量。蛋黄虽然营养丰富，宝宝也不宜吃过多，两天一个为宜。

4～6个月宝宝的新鲜蔬果汁

南瓜汁

材料　南瓜100克。

做法

1. 南瓜洗净，去皮，切小丁蒸熟。
2. 将南瓜丁放入豆浆机，加凉白开到机体水位线间，接通电源，按下"果蔬汁"启动键，搅打均匀过滤后倒入杯中即可。

苹果胡萝卜汁

材料　胡萝卜、苹果各50克。

做法

1. 将胡萝卜、苹果洗净，削皮，切丁；放入锅内加适量清水煮10分钟。
2. 将胡萝卜、苹果丁连同煮的水一起放入豆浆机中，接通电源，按下"果蔬汁"启动键，搅打均匀过滤后倒入杯中即可。

4～6个月宝宝的可口米糊

胡萝卜蔬菜米糊

材料 胡萝卜、小白菜、小油菜各15克，婴儿米粉30克。

做法

1. 胡萝卜、小白菜、小油菜洗净，胡萝卜去皮，均切碎。
2. 将胡萝卜、小白菜、小油菜放入沸水中，煮约2分钟，取菜汤。
3. 在菜汤中加入婴儿米粉搅拌均匀即可。

鱼肉胡萝卜米糊

材料 河鱼（或海鱼）、胡萝卜、米糊各50克。

做法

1. 将河鱼（或海鱼）洗净，沥干水，蒸熟，取出肉，将鱼刺全部除去，压成鱼泥。
2. 将胡萝卜洗净，去皮，切片，蒸熟，压成胡萝卜泥。
3. 将做好的鱼泥连同胡萝卜泥与米糊搅拌均匀即可。

4~6个月宝宝的喷香泥糊

牛奶红薯泥

材料　红薯100克，奶粉20克。

做法

1. 将红薯洗净，去皮，蒸熟，用筛碗或勺子碾成泥。
2. 奶粉冲调好后倒入红薯泥中，调匀即可。

鸡汤南瓜泥

材料　鸡胸肉50克，南瓜100克。

做法

1. 将鸡胸肉洗净，剁成泥，加入一大碗水煮；将南瓜洗净，去皮，放锅内蒸熟，用勺子碾成泥。
2. 当鸡肉汤熬成一小碗的时候，用消过毒的纱布将鸡肉颗粒过滤掉，将南瓜泥倒入鸡汤中，再稍煮片刻即可。

4～6个月宝宝的味美粥品

牛奶香蕉粥

材料 香蕉100克，奶粉40克。

做法

1. 将香蕉剥皮，剁成泥放入锅中，加清水煮，边煮边搅拌，煮成香蕉粥。
2. 奶粉冲调好，待香蕉粥微凉后倒入，搅拌均匀即可。

牛奶蛋黄米汤粥

材料 大米50克，奶粉40克，鸡蛋1个。

做法

1. 大米淘净，放入锅内加入适量清水煮粥，待煮至快熟时，把上面的米汤舀出。
2. 鸡蛋洗净，煮熟，取蛋黄的1/3研成粉末。
3. 将奶粉冲调好，放入蛋黄、米汤，调匀即可。

给宝宝选购衣服

1 质地上一定要遵循"宜天然材质，忌化纤材料"的原则，尤其是直接接触宝宝皮肤的贴身内衣裤。

2 宝宝衣物的颜色最好选择浅色的，忌鲜艳。

3 宝宝的衣服应大小适中，松紧适度。宝宝的衣服过于紧，易束缚宝宝，有碍他们的呼吸，使他们产生不舒服的感觉。但是，过于宽松，不贴身，不利于保暖。

4 0~1岁宝宝的衣服最好选择没有领子、斜襟的和尚服，且最好前面长些，后面短些。周岁内的宝宝选择连体衣也是一个不错的选择。

5 此外，还得要求宝宝服毛边少、线头少、缝合仔细、做工精致。

给宝宝选鞋子

1 鞋子尺寸上，比宝宝的脚大概长1~1.5厘米即可，不要太大和太小。

2 在鞋子的质地上，一定也要选择柔软、轻便的，同时弹性比较好的，这样不容易压迫宝宝的脚。

3 一定要选择透气性好的鞋子。一般棉布鞋的透气性比较好。在买鞋的时候，自己用手仔细去感受一下鞋的质感，是否舒适，弯弯鞋底，是否有弹性、柔软，千万不要让宝宝穿硬板鞋。

4 款式的选择上不要华而不实，适当的装饰和颜色，达到吸引宝宝的效果即可，让宝宝感兴趣，但不要太复杂，容易穿脱，避免不必要的麻烦。

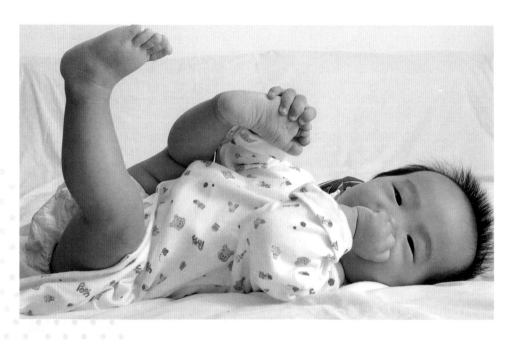

给宝宝清洁小屁屁

给宝宝清洁小屁屁的时候，一定要注意：男宝宝与女宝宝的清洁方法是不一样的。

男宝宝的清洁方法

清洗男宝宝的小屁股时，先要轻轻擦拭大腿根部，可以把小毛巾叠成小方块，用折叠的边缘横着擦拭。然后清洁他们的小鸡鸡，如果发现龟头红肿，可能是炎症，洗后不要用毛巾擦，并及早去医院就诊。

女宝宝的清洁方法

清洗女宝宝时，要从上向下、从前向后，即先分开阴唇，清洗尿道处，然后向后清洗，切忌顺序颠倒，以防肛门部位的细菌污染尿道口。清洗后，用一条柔软、暴晒过的毛巾将外阴擦拭干净。

专家指导

给宝宝清洗前要把手洗干净，以免把细菌传到宝宝身上。然后准备一盆干净的温水，温度与体温相近为宜，水中不要加任何添加剂。

4招护理好宝宝臀部

宝宝的臀部肌肤很娇嫩，需要用心护理。

尿布要棉制

一定要用纯棉布做尿布，这样舒服、吸汗、天然，也更容易观察宝宝的大小便情况。

尿布要勤换勤洗

要注意宝宝是否尿了，以便及时换尿布。长时间不换尿布，尿液对臀部娇嫩皮肤会很大刺激。尿布要勤洗，彻底清洗后，要放在阳光下进行晾晒，可以杀菌。

便后要清洁臀部

有些父母或保姆在宝宝大便后用尿布将臀部的大便擦去，而没有清洗臀部，使整个臀部仍黏附着大便，当再兜着尿布时，在潮湿有刺激物的环境下而发生红臀。

要保证臀部干燥

清洗臀部后一定要把水擦干，然后包上尿布。注意不要认为给宝宝的臀部拍上粉，就使臀部皮肤干燥。

婴儿按摩好处多

宝宝从一出生就应该对他进行抚触，这样做的好处多多。

按摩头部

每天临睡前，为宝宝轻轻地揉按耳郭、后颈、眼眶四周、额部、太阳穴和整个头发的根部，一般5～10分钟，用力要均匀、轻柔，以宝宝感到舒服为度。

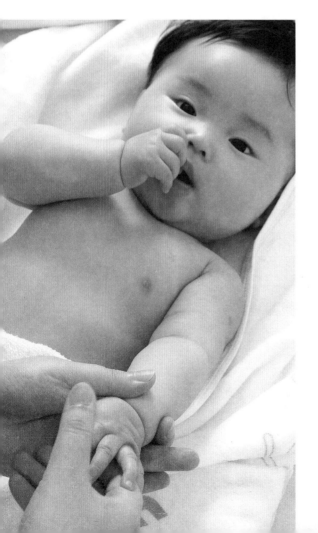

按摩胸背部

早晨为宝宝做5分钟的胸背按摩，使皮肤轻微发红。按摩时应从上至下，必要时可沿脊柱按摩至肛门上方，以增强作用。

按摩四肢

宝宝入睡前，先为其按摩双手，由手腕至指尖，来回地按摩搓揉20余次；再顺大腿、踝、脚心及趾尖，轻而有力地搓揉至局部有轻微的热感。

按摩腹部

用手掌心紧贴宝宝腹部，从右下腹开始，绕脐做顺时针方向轻轻按摩，每10秒钟一圈，每次按摩3分钟。

宝宝长痱子了怎么办

1 用温水洗澡，洗后要擦干，扑撒痱子粉。痱子粉要扑撒均匀，不要过厚。

2 宝宝衣着应宽大通风，保持皮肤干燥。

3 痛痒时应防止搔抓，可将宝宝的指甲剪短，以防止继发感染引起的痱疖。

4 宝宝的活动场所及居室要通风，并要采取适当的方法降温。宝宝睡觉时要经常换姿势，出汗时要及时擦去。

5 如果没来得及处理好痱子，出现了脓肿，妈妈不要自行擦药膏，应及时去医院诊治。

呵护宝宝的奶癣

奶癣即婴儿湿疹，是婴儿期的常见问题，多在生后1~2月开始，1~2年内消失。表现为皮肤的小米粒大小红色丘疹、表面有小白点，宝宝无自觉不适。宝宝患了奶癣要科学护理。

1 如果不红肿，宝宝没有明显的瘙痒、烦躁，就不要用药，可以涂抹婴儿护肤品。

2 给宝宝修剪指甲，以防止过痒而抓破。

3 给宝宝穿衣应选择棉质、柔软的面料，衣服要尽量宽松，也不要穿太多，以防止因出汗导致的皮肤刺激。

4 保持宝宝脸部的清洁，不能用很热的水给宝宝洗脸。

5 室内温度不宜过高，否则会使奶癣痒感加重。

6 减少外出，避免日光暴晒，减少风的刺激。

7 如果奶癣严重的，应及时就医。

留心宝宝的斜视

斜视是指两眼不能同时注视目标，是婴幼儿常见的眼科疾病。宝宝常见的斜视就是"斗鸡眼"。爸爸妈妈一定要注意预防宝宝斜视。

1 经常变换宝宝睡眠的体位，有时向左有时向右，使宝宝的眼球不再经常只转向一侧，从而避免斜视。

2 小床上悬挂彩色玩具，应该距离宝宝40厘米以上，在多个方向悬挂，避免宝宝长时间只注意一个点而发生斜视。

3 将宝宝放在摇篮内的时间不能太长，多抱宝宝走动，使宝宝对周围的事物产生好奇，从而增加眼球的转动，避免产生斜视。

专家指导

一旦发现宝宝患有斜视，应及早诊治。错过了最佳治疗期，就会造成弱视，孩子正常的视觉功能就不能完全恢复了。

PART 3

7~9个月的宝宝

不要频繁更换宝宝的奶粉品牌。在宝宝的辅食中，记得增加富含碘的食物，防止宝宝碘缺乏。宝宝喜欢自己动手吃饭，给他准备专用餐具吧。

宝宝的身体发育

这阶段的宝宝处于婴儿中期，生长的速度较前半年有所减慢，这一时期宝宝的胃容量已经达到200毫升左右。如果下面的两颗门牙还没长出，7个月开始就会长出来；如果已经长出，上面的两颗门牙很快也会长出来。到9个月时宝宝通常已有3～5颗牙齿。满9个月时，男宝宝体重平均9.33千克，身长平均72.6厘米；女宝宝体重平均8.69千克，身长平均71.0厘米。

呛奶了怎么办

宝宝呛奶了，妈妈可以用下面的方法紧急救护：

1 体位引流。如果宝宝饱腹呕吐发生窒息，应将平躺宝宝的脸侧向一边或侧卧，以免吐奶流入咽喉及气管。

2 清除口咽异物。如果妈妈有自动吸乳器，立即开动，只用其软管，插入宝宝口腔咽部，将溢出的奶汁、呕吐物吸出。没有抽吸装置，妈妈可用手指缠纱布伸入宝宝口腔，直至咽部，将溢出的奶汁吸除，避免宝宝吸气时再次将吐出的奶汁吸入气管。

3 刺激哭叫咳嗽。用力拍打宝宝背部或揪掐刺激脚底板，让其感到疼痛而哭叫或咳嗽，有利于将气管内奶咳出，缓解呼吸。

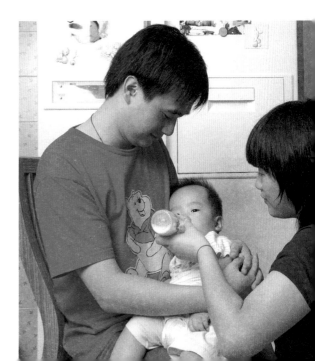

专家指导

预防宝宝呛奶，不在宝宝哭泣或欢笑时喂奶；不要等宝宝已经很饿了才喂，宝宝吃得太急容易呛；宝宝吃饱了不可勉强再喂，强迫喂奶容易发生意外。

奶粉品牌不宜常更换

在为宝宝选择奶粉时，应当仔细权衡，充分考虑，一旦定下来后，最好不要经常更换。

各个奶粉生产厂家的原料乳来源不同，工艺水平也不一样，因此不同品牌的配方奶粉在成分上还是有不少差别的，各种营养素添加的数量也是不尽相同的。因此，如果宝宝已经习惯了某一品牌的配方奶粉，最好还是固定这种品牌比较好，因为同一品牌的系列奶粉，其主要的营养成分是比较恒定的，口味也变化不大，只是在一些微量营养素方面作了一些适当调整，以适应不同年龄段宝宝的需要。经常更换品牌，可能会使宝宝发生消化不良。

更换奶粉的技巧

1 如果是母乳喂养，配方奶加到母乳中转换，由少到多，循序渐进。

2 转奶期间出现腹泻，轻微腹泻，可以继续转奶，不要增加量，如果腹泻次数多，大便水样便，暂停转奶，恢复后5～7天，再进行转奶。

3 出现便秘时，不要增加量，在奶粉中建议加入乳酸菌粉或清清宝，多喝水。

4 如果出现过敏，应了解过敏症状，分析原因，暂停转奶，7～10天后少量添加尝试，其间服用乳酸菌粉，抗过敏。

5 换奶时间不要选在第一餐，可以采用新旧混合的方法。在宝宝原先食用的奶粉中适当添加新的奶粉，由少量开始，一旦宝宝没有出现异常反应，就可以慢慢增加新奶粉的比例，直到完全替代旧奶粉。

进口奶粉PK国产奶粉

目前，国产奶粉在质量上与洋奶粉没什么差别，从配方奶粉的营养成分表上看，洋奶粉中所含有的各种高科技含量物质，如花生四烯酸(AA)、DHA、核苷酸、β-胡萝卜素等，国内名牌配方奶粉均有添加。

科学喂养宝宝，是婴幼儿奶粉与母乳越接近越好，并不是越贵越好，越"洋"越好。选择进口奶粉是一种心理作用，奶粉主要是要宝宝适应，会吸收才好。宝宝身体体质，发育状况不一样，选择的奶粉也不一样。

科学补碘，远离甲状腺病

碘被称为"智力元素"。从胎儿时期，到宝宝出生后的2岁内，是宝宝脑发育的关键期。此时，大脑神经的生长须依靠甲状腺激素。为了制造出足够的甲状腺激素，就需要充足的碘，如果在此期间发生任何程度的碘营养不足，都会造成大脑发育不正常，患上呆小症，影响宝宝智力发育。

专家指导

为防止宝宝缺碘，推荐妈妈做一些富含碘的辅食给宝宝吃：紫菜豆腐羹、虾皮紫菜蛋汤、海带炖豆腐、紫菜蛋卷等。

宝宝补碘的方法

1 母乳喂养的宝宝，尿液碘水平会高出其他方式喂养的宝宝1倍以上。因此母乳喂养是补碘的良好途径。

2 为宝宝选购含碘的婴幼儿配方食品，以免宝宝体内碘量不足。

3 海产品如海带、紫菜、海鱼等的含碘量最高，如有可能，妈妈可以用不同的烹饪方式，每周都给宝宝安排1～2次用海产品作辅食。

4 母乳喂养的妈妈一定坚持食用用食用碘盐烹调的菜品。

增加宝宝辅食种类

7~9个月左右的宝宝，开始学着用手抓东西吃了，他可能会试着用拇指和食指捏东西。宝宝会继续把所有自己能抓到的东西都往嘴里送，这也是他准备好尝试更多种食物的另一个标志。这时候，你可以给宝宝一些他能用手抓着吃的东西，比如煮熟的胡萝卜条、香蕉块或者不加盐的淡味面包棒，这样宝宝就可以自己练习吃东西了。

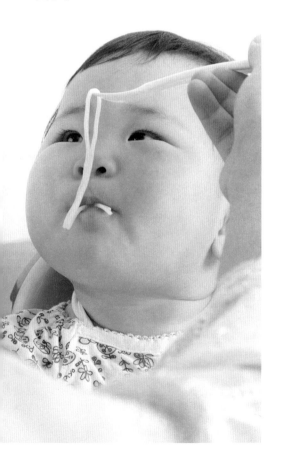

这个阶段，可以开始让宝宝吃以下辅食：煮烂的面条或各种意大利面、煮熟的鸡蛋、面包（不要喂全麦面包或杂粮面包，因为里面较硬的碎片很容易噎着宝宝）、柔软的水果，以及煮烂的肉、鱼和禽类食物。还可以给宝宝喂深绿色的叶类蔬菜，比如菠菜。

准备宝宝专用餐具

宝宝7、8个月可以坐餐桌椅了，为了培养宝宝良好的就餐习惯，应该给宝宝准备专用的餐具。

首先推荐餐桌椅，现在餐桌椅的设计也很科学，基本上可以一桌多用，拆开来可以当成小课桌、椅子用。

宝宝一般自己吃饭的时间会比较长，用双层不锈钢碗可以保证吃到最后碗里的饭菜还是温的，不锈钢的材料也不怕摔。

对于勺子，喂宝宝吃东西的时候，适合硅胶勺子，偶尔碰了宝宝的牙龈不会很疼。等宝宝自己学习吃饭了，还是用不锈钢的好一些，因为宝宝用不锈钢的勺子容易舀饭。而且宝宝自己吃根本不存在碰牙龈的问题。

7~9个月宝宝的美味汤汁

菠菜挂面汤

材料 挂面30克，猪肝、菠菜各20克，虾肉10克，鸡蛋1个，肉汤少许。

做法

1. 猪肝、虾肉洗净，均切碎；菠菜洗净，切末；鸡蛋打散，取四分之一备用。
2. 将挂面煮软后切成较短的段儿，然后放入锅内，加肉汤煮开。
3. 将猪肝和虾肉、菠菜同时放入锅内，将鸡蛋也下入锅内，煮熟即可。

鱼肉汤

材料 鱼肉100克。

做法

1. 将鱼肉洗净，放入开水中，煮后剥去鱼皮，除去鱼骨刺，将鱼肉研碎，然后用干净的布包起来，挤去水分。
2. 将鱼肉放入锅内，加入100毫升开水，用筷子不断地搅拌，直至将鱼肉煮软即成。

7~9个月宝宝
的喷香泥糊

蓝莓土豆泥

材料 土豆50克，胡萝卜、蓝莓果
酱各30克。

做法

1. 土豆、胡萝卜洗净，去皮，切薄片。
2. 将土豆和胡萝卜上锅蒸熟。
3. 用搅拌机或者研磨器将土豆、胡萝
   卜制成泥，加入蓝莓果酱搅拌均匀
   即可。

山药麦片糊

材料 山药70克，麦片30克。

做法

1. 山药洗净，去皮，切成小丁，煮熟
   至软。
2. 将麦片用100毫升开水泡开。
3. 将山药与麦片及泡麦片的水一起放
   入搅拌机，打成泥糊状即可。

7~9个月宝宝的营养羹粥

豆腐鸡蛋羹

材料 蛋黄1/2个，豆腐50克，肉汤适量。

做法

1. 将蛋黄研碎；豆腐冲净，放入水中氽烫一下，捞出控去水分，研碎。
2. 将豆腐与蛋黄一起放入锅中，加入肉汤，用小火，一边煮一边搅拌为羹状即可。

苹果麦片粥

材料 苹果1/4个，麦片20克。

做法

1. 苹果洗净，削皮，切小块，放进搅拌机打成泥。
2. 锅内放100毫升清水，放进麦片与苹果泥，用小火一边煮一边用筷子搅拌，煮至黏稠即可。

7～9个月宝宝的可口面食

黄花菜虾仁龙须面

材料　黄花菜20克，虾仁10克，龙须面50克。

做法

1. 黄花菜泡发，洗净，切碎；虾仁洗净，切碎。
2. 水锅置火上，水沸后，放入虾仁、黄花菜、龙须面用中火煮熟即可。

肉末青菜面

材料　龙须面、青菜、猪肉各30克，香油、油各适量。

做法

1. 青菜洗净，切碎；猪肉洗净，剁成末。
2. 锅中热油，将猪肉末倒入翻炒，炒至肉末变白后把青菜碎倒入翻炒，加入适量的清水。
3. 待锅中水烧开把面放入，盖上锅盖煮至面熟，淋少许香油即可。

给宝宝选购睡袋

婴儿睡袋是为了防止宝宝睡觉蹬被而使用的包裹宝宝身体的睡眠用品。

目前市面上的睡袋款式大致分背心式睡袋、带袖式睡袋以及长方形钻入式睡袋。

使用背心式睡袋时宝宝可将手臂露在睡袋外面，又能调节体温，也不必担心宝宝的前心后背受凉。如果妈妈担心宝宝的手臂受凉，也可选择带袖的睡袋。

长方形睡袋的设计比较宽大，侧面拉链，展开后可以当小被子用，内胆可以按需要拆卸，有的也带帽子。这款睡袋比较适合那些睡觉较乖的宝宝。

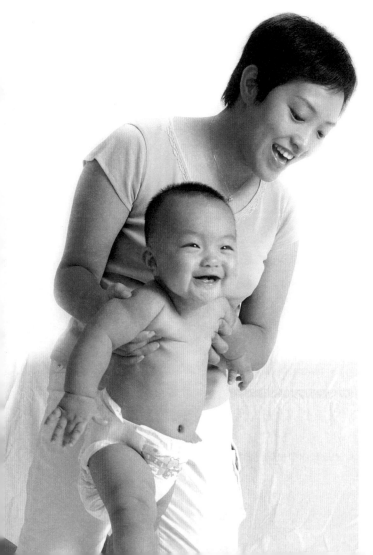

教宝宝学走路

不是每个宝宝开始学走路的步骤都相同，有的宝宝喜欢站稳了再走，有的宝宝尽管站都站不稳，却迫不及待地想走路。

不管怎样，爸爸妈妈都得用双手扶着宝宝一步一步地往前走，帮他进行练习。而后，逐渐就可放开一只手，再发展到完全让他自己走。

当宝宝不要人扶着也能走上几步时，要鼓励他这种兴趣。在离他1米左右的地方伸出双手，鼓励他走过来。开始教他学走路时，只能离他两三步远。如果距离太远，他可能不敢走过来。等他初步掌握了这一新技能后，可以逐渐拉开距离，但注意不要让他摔倒。否则，摔几次后可能使他不敢再走路。

在宝宝初学走路时，为防止摔倒，应选择活动范围大，地面平，没有障碍物的地方学步。同时要给宝宝穿合适的鞋和轻便的服装，以利于活动行走。

宝宝可以用学步车

一般的婴儿学步车是由底轮、车身架、座椅等组成，是宝宝会走路之前的代步工具。因为学步是需要力气的，而坐在学步车里的宝宝需要活动时，可以借助车轮毫不费力地滑行，既可以锻炼宝宝的腿部用力的能力，又在一定程度上由于限制了宝宝的活动，可以减少宝宝摔跤等意外的发生。

使用学步车要注意安全：宝宝能触摸到的学步车部位要保持干净，防止宝宝病从口入；学步车的各部位要坚牢，以防碰撞时出事故；车轮不能过滑；车的高度要适中；学步的空间不要有障碍物，把四周带棱的东西拿开；地面不要过滑，不要有坡度。

牙齿保健从零岁开始

宝宝笑起来的时候，露出洁白的牙齿，这是每个妈妈都希望看到的。

要想让宝宝有一口洁白漂亮的牙齿，从零岁开始就要做好口腔护理。

宝宝第一颗乳牙萌出的时间平均为6个月，但是由于个体差异比较大，最早的4个多月就开始萌出了，晚的要到1岁左右。

在乳牙萌出之前就要进行清洁和按摩牙龈，这样不仅有助于建立一个健康的口腔生态环境，而且有助于牙齿正常和健康地萌出。

宝宝出生后的第一年就开始做好最基本的口腔保健是非常重要的。众所周知，婴幼儿时期主要的口腔疾病是龋齿，也就是通常所说的蛀牙，而蛀牙主要是由牙菌斑引起的。清除牙菌斑应从第一颗乳牙萌出时开始。这一早期的清洁工作，完全需要靠家长来完成。

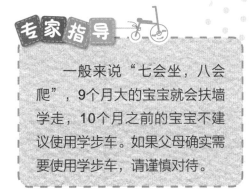

专家指导

一般来说"七会坐，八会爬"，9个月大的宝宝就会扶墙学走，10个月之前的宝宝不建议使用学步车。如果父母确实需要使用学步车，请谨慎对待。

什么是鹅口疮

鹅口疮是由白色念珠菌感染，在口腔黏膜表面形成白色斑膜，多见于婴幼儿。

宝宝患鹅口疮时，口腔黏膜出现乳白色、微高起斑膜，周围无炎症反应，形似奶块。无痛，擦去斑膜后，可见下方不出血的红色创面。斑膜面积大小不等，可出现在舌、颊、腭或唇内黏膜上。

宝宝患鹅口疮，可用弱碱性溶液，如2%～5%碳酸氢钠（小苏打）清洗，涂擦冰硼油、制霉菌素混悬剂等效果良好。加强营养，特别适量增加B族维生素和维生素C。

防止宝宝烫伤的方法

1 暖瓶、饮水器放在宝宝不易碰到之处。

2 在厨房做饭时，人不要离开或关上门，以防止宝宝突然闯入。

3 点火用具，如打火机，放在宝宝不易取到之处。

4 煤气不用时关掉总开关，以防宝宝模仿点火。

5 从微波炉中取出食物时，保证宝宝不在周围或厨房。

专家指导

如果宝宝烫伤，把宝宝带到最近的自来水处，用冷水冲洗烫到的地方，大约5～10分钟，直至宝宝不再感到痛。冷水可将热迅速散去，以降低对皮肤深部组织的伤害。

6 电饭煲等热容器当盛有热的食物时不放在地上和低处。

7 电器插座放置高处或加盖，使宝宝不易碰到。

8 不要将宝宝单独留在卫生间。

9 给宝宝洗澡时，考虑到婴儿体温与大人手掌温度有很大差异，婴儿比成人怕热，水温要在38℃左右。在澡盆里要先放冷水，再放热水，爸爸妈妈要用手先试，然后再给宝宝用。

应对宝宝腹胀的方法

腹胀是一种常见的消化系统症状，引起腹胀的原因主要见于胃肠道胀气、各种原因所致的腹水、腹腔肿瘤等。

如果宝宝能吃、能拉、没有呕吐的现象、肚子摸起来软软的、活动力良好、排气正常、体重正常增加，那么这一类的腹胀大多属于功能性腹胀，无须特别治疗，可用按摩手法缓解宝宝的不适症状。

宝宝腹胀严重时，或爸爸妈妈不确定腹胀原因时，因尽快到医院就诊，根据病因准确服药。

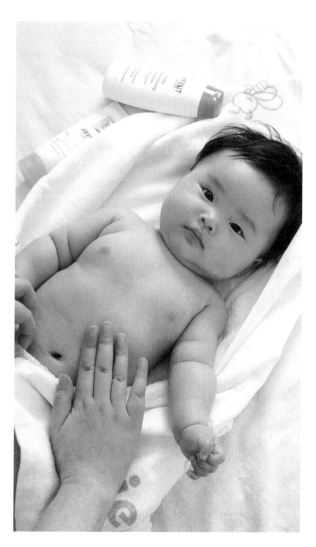

防治宝宝贫血

贫血是婴幼儿时期比较常见的一种症状，长期贫血可影响心脏功能及智力发育。婴幼儿贫血多数是因为营养不良造成的。贫血患儿可出现面色苍白或萎黄，容易疲劳，抵抗力低等症状。

随时注意观察宝宝的身体状况，必要时要给宝宝做血红蛋白成分的检测试验，因为患有轻微贫血的宝宝在外表是看不出来的。如果宝宝血红蛋白过低，就表示患有贫血，就应当及时补充铁质。

如果宝宝贫血，可喂含铁食物，加铁的婴儿配方奶粉、含铁的米片或含铁的维生素滴剂等。同时，还要补充富含维生素C的食物，比如西红柿汁、菜泥等，以增进铁质吸收。此外，当宝宝开始吃固体食物后，也要多喂食含大量铁质的辅食。

人工喂养的婴儿在6个月以后，若喂不加铁的牛奶，总量不可超过750毫升，否则就挤掉了含铁饮食的摄入量。

PART **4**

10~12个月 的宝宝

该给宝宝断奶了。断奶可真不是件容易的事儿，要循序渐进。给宝宝补充卵磷脂、DHA，让宝宝更聪明。教宝宝学走路，爸妈要费心。

宝宝的身体发育

这个阶段的宝宝已处于婴儿期的最后阶段，生长速度不如之前的几个月。10个月宝宝的牙齿，一般已经长出了4~6颗，上边4颗切齿，下边2颗切齿，但也有发育正常的宝宝10个月才开始出牙的。满12个月时，男宝宝体重平均10.05千克，身长平均76.5厘米；女宝宝体重平均9.4千克，身长平均75.0厘米。

宝宝该断奶了

通常宝宝在10~12个月时已逐渐适应母乳以外的食品，加上宝宝已经长出几颗切齿，胃内的消化酶日渐增多，肠壁的肌肉也发育得比较成熟，是断奶的好时机。如果未能及时把

握，断奶时间越晚宝宝恋母情结就会越强，以致造成宝宝只吃母乳而不肯吃粥、饭和其他离乳食品。

选择比较舒适的季节进行断奶，如春末或秋天。这时，生活方式和习惯的改变对宝宝的健康冲击较小。如果天气热，宝宝本来就很难受，断奶会让他大哭大闹，还会因胃肠对食物

专家指导

妈妈可能会因为失去了喂乳这种与宝宝亲昵沟通的方式而产生失落感，所以要有心理准备，明白宝宝断奶是迈进新的成长阶段。

的不适应发生呕吐或腹泻；天气冷则会使宝宝睡眠不安，容易引起上呼吸道感染。

逐渐断奶的进程

从10个月起，每天先给宝宝减掉一顿奶，离乳食品的量相应加大。过一周左右，如果妈妈感到乳房不太发胀，宝宝消化和吸收的情况也很好，可再减去一顿奶，并加大离乳食品的量，逐渐断奶。减奶最好先减去白天喂的那顿，因为白天有很多吸引宝宝的事情，他不会特别在意妈妈。但在清晨和晚间，宝宝会非常依恋妈妈，需要从吃奶中获得慰藉。断掉白天那顿奶后再逐渐停止夜间喂奶、直至过渡到完全断奶。

宝宝到了离乳月龄时，若恰逢生病、出牙，或是换保姆、搬家、旅行及妈妈要去上班等情况，最好先不要断奶，否则会增大断奶的难度。

在断奶的过程中，妈妈既要使宝宝逐步适应饮食的改变，又要采取果断的态度，不要因宝宝一时哭闹就下不了决心，从而拖延断奶时间。

奶粉保存不宜放冰箱

婴幼儿奶粉营养丰富，蛋白质含量高，是细菌生长和繁殖的温床，也容易招虫。为避免奶粉受污染和变质，在奶粉开封后的保存过程中，应特别注意不宜存放于冰箱中，因为多次取放，冰箱内外的温度和湿度有差别，很容易造成婴儿奶粉潮解、结块和变质。

开封后的奶粉只需在室温、避光、干燥、阴凉处储存即可，在每次取用后，罐装奶粉务必盖紧塑料盖，袋装奶粉要扎紧袋口。袋装奶粉开封后，最好存放于洁净的奶粉罐内。

让宝宝爱上奶瓶喂养

　　奶瓶是重要的育儿工具，可是母乳宝宝不愿意使用奶瓶。妈妈要重返职场了、母乳不够了、宝宝断奶期到了等原因，都需要让宝宝用奶瓶吃奶，那么怎样让吃母乳的宝宝用奶瓶呢？

1 选择与母乳的味道差不多的配方奶粉。如果这个奶粉本来宝宝不爱喝，或者说和母乳的味道都差很多的话宝宝当然会拒绝啦。

2 用一个和宝宝的安抚奶嘴相似的奶嘴。如果宝宝用的是橡胶安抚奶嘴，那就选择橡胶的奶嘴，而不要用硅胶的。

3 有事没事让他拿着个奶瓶玩玩，当他爱上了奶瓶的时候自然也爱上了里面的牛奶。

4 当他在喝母乳的时候偷偷地把奶瓶给换上，让他在享用的同时已经忘记了母乳。

5 宝宝会觉得奶嘴冰冷，没有妈妈的温暖，就可以用热水加热奶嘴。宝宝比较容易接受。当然夏天就不会存在这样的问题了。

6 在宝宝快睡醒的时候，把奶瓶放到宝宝嘴边，他自己找到就会吃的。

牛奶不宜煮沸

一杯约250毫升的牛奶，如用煤气灶加热的话，70℃时加热3分钟，60℃时加热6分钟即可；如果用微波炉的高火，加热1分钟左右就行了。时间过长，会使牛奶中的蛋白质受高温作用，由溶胶状态变成凝胶状态，导致沉积物出现，影响乳品的营养价值。而且加热时间越长，温度越高，其营养物质流失越严重。

卵磷脂充足，大脑发育棒

在众多的营养素当中，卵磷脂对大脑及神经系统的发育起着非常重要的作用，被专家们美称为高级神经营养素。

宝宝的大脑发育包括两个非常重要的方面，一方面是脑细胞的大小及数量，另一方面是各神经细胞间链接和丰富。而卵磷脂对这两个方面都起着不可替代的重要作用。所以，宝宝需要摄入足量的卵磷脂。

卵磷脂多存在于蛋黄、大豆、鱼头、鳗鱼、动物肝脏、蘑菇、山药、芝麻、黑木耳、红花籽油、玉米油、瓜子、谷类等食物中，其中又以属蛋黄、大豆和动物肝脏的含量最高。宝宝的辅食中可以多选用这些食材。

补充DHA，宝宝聪明不能少

DHA是人的大脑发育、成长的重要物质之一，在人体中含量高达20%，在眼睛视网膜中所占比例最大，约占50%，因此，对婴儿智力和视力发育至关重要。

母乳喂养的宝宝，妈妈应该多吃富含DHA的食物，由母乳传递给宝宝。每周吃300克海鱼可基本保证宝宝获取足够的DHA。

对于奶粉喂养的宝宝，一般奶粉中会强化DHA，家长可以算一下宝宝是否能从奶中获得足够的DHA，如果达不到700～100毫克，甚至相差较大，再考虑补充。

专家指导

不吃鱼的哺乳妈妈，要注意增加含a-亚麻酸植物油的摄入，如亚麻籽油、紫苏籽油等，可以在体内转化成DHA。此外，妈妈每天也可以补充200～250毫克DHA，也可以给宝宝每天补充70毫克左右的DHA。

10～12个月宝宝的营养羹粥

紫菜蛋花汤

材料　紫菜1张，鸡蛋1个，香菜10克，虾皮、油各适量。

做法

1. 紫菜用开水泡软，撕碎；鸡蛋磕入碗内搅匀；香菜择洗干净，切成小段。
2. 炒锅上火，放少许油烧热，加入适量清水和虾皮，用小火煮片刻，淋入鸡蛋液，放香菜，最后放入紫菜，煮沸即可。

虾仁豆腐羹

材料　北豆腐50克，胡萝卜20克，鲜基围虾2只，姜汁少许，肉汤适量。

做法

1. 虾洗净，去头、壳和虾线，剁成虾泥，加姜汁拌匀；胡萝卜洗净，去皮，切成细末。
2. 肉汤烧开，放入洗净的豆腐，边煮边用汤勺把豆腐压成豆腐泥。
3. 豆腐汤煮开后，放入胡萝卜末、虾泥煮熟即可。

10～12个月宝宝的营养粥饭

鸡肉青菜粥

材料 大米50克，鸡肉丁、水发木耳、小白菜叶各20克，香油少许。

做法

1. 水发木耳、小白菜叶洗净，切碎；大米淘净。

2. 将大米和鸡肉丁、水发木耳一起放入砂锅中，加适量清水煮粥，煮至肉熟粥稠，加入小白菜叶与香油搅匀，续煮1分钟即可。

什锦烩饭

材料 大米50克，牛里脊肉20克，胡萝卜1/5根，土豆1/3个，豌豆10克，牛肉汤适量，熟鸡蛋黄1个，盐少许。

做法

1. 牛里脊肉洗净，切碎；胡萝卜、土豆洗净，去皮，切碎；豌豆洗净；大米淘净。

2. 将大米、牛肉、胡萝卜、土豆、豌豆与牛肉汤放入电饭煲按常法煲饭。

3. 饭熟后，加熟鸡蛋黄及盐搅拌均匀即可。

10～12月个宝宝的 美味面食

玉米煎饼

材料　玉米半根，面粉40克，鸡蛋1个，毛豆10克，油、白糖各少许。

做法

1. 玉米、毛豆取粒洗净；鸡蛋磕入碗内，打散。
2. 面粉置盆内，加适量温水和匀后，再加入玉米、毛豆、鸡蛋与白糖拌匀。
3. 锅里加少许油烧热，倒入面粉混合液，待一面凝固后翻面煎至另一面凝固即可。

花型蝴蝶面

材料　蝴蝶面50克，胡萝卜20克，香菇1朵，青菜、黄花菜、猪肉各10克，生抽、香油、油各少许。

做法

1. 胡萝卜洗净，切出花形；香菇泡发，洗净，切丝；猪肉洗净，切末；黄花菜泡发，切碎。
2. 炒锅放少许油烧热，下猪肉末炒至变色，下黄花菜、香菇翻炒，再下胡萝卜翻炒，然后调入生抽，倒入开水，继续煮至水开；将煮熟的蝴蝶面下入锅中拌匀，淋香油调味即可。

10～12个月宝宝的可口甜品

香甜红豆泥

材料 红豆50克，红糖、油各适量。

做法

1. 红豆拣去杂质洗净，放入锅内，加入适量清水，用大火烧开，改小火焖煮成豆沙，越烂越好。

2. 将锅置火上，放入少许油，下入红糖炒至溶化，倒入豆沙，用小火擦着锅底搅炒，炒匀即可。

香蕉牛奶布丁

材料 香蕉50克，果冻粉2克，配方奶粉150毫升。

做法

1. 香蕉去皮，切成小丁。

2. 将果冻粉与配方奶置入锅中拌匀，用小火加热至果冻粉完全溶解，即可倒入模型中。

3. 等布丁液半凝固时，再将香蕉丁放入其中，待完全冷却后，即可抠出食用。

避免宝宝吞入异物

充满好奇心的宝宝到处爬爬走走，看到任何感兴趣的东西，只要一拿起来就会往嘴里塞，一不小心就会发生吞入异物的情况，这是非常危险的。

1 不给宝宝吃花生、瓜子、豆类及带核的食物（如红枣、梅子、橘子等）。

2 及时纠正宝宝将小玩具含入口中玩耍的不良习惯，并尽量避免将有可能吸入气道的小玩具给宝宝玩。

3 培养宝宝安静进食的良好习惯，宝宝在进食时，应严禁其哄闹跑跳，大人在此时也应注意尽量不要训斥、惊吓宝宝，不要与宝宝逗笑。

4 如果宝宝误食了尖锐的物品或毒性高的东西时，爸爸妈妈不需做任何处理，立即送往医院，假设试图想让宝宝吐出来，或勉强硬取出来，反而更加危险。

给10～12个月宝宝洗澡

随着宝宝渐渐长大，他也许会把

洗澡看成是玩耍的时间。

大多数宝宝喜欢玩水，而洗澡时是他们玩水最方便的时候，所以要给他们准备好塑料杯子、量杯、船和鸭子，让他们多玩一会儿，充分放松，让洗澡成为一种游戏。

宝宝自己洗澡，准备好他可以使用的特别的海绵。在他能够充分地协调动作以前，他是无法洗好澡的，所以要做好再用另一块毛巾重新洗一遍的准备。

让宝宝两只手拿着肥皂，教他怎样用肥皂擦身体和胳膊。

防治宝宝便秘

1 母乳喂养的宝宝，母乳量不足所致的便秘，宝宝常有体重不增、食后啼哭等表现。对于这种便秘，只要增加乳量，便秘的症状随即缓解。

2 将菠菜、卷心菜、青菜、荠菜等切碎，放入米粥内同煮，做成各种美味的菜粥给宝宝吃。蔬菜中所含的大量纤维素等食物残渣，可以促进肠蠕动，达到通便的目的。

3 让宝宝定时排便。因进食后肠蠕动加快，常会出现便意，一般宜选择在进食后让宝宝排便，建立起大便的条件反射，就能起到事半功倍的效果。

可用清凉油在宝宝肚脐周围薄薄地抹一层，再在肚脐相对应的后背也抹一层，稍加按摩，这样过1～2个小时，宝宝就会开始放屁了，慢慢就会便便了。

防治宝宝奶瓶齿

奶瓶齿是已经长了牙齿，还在用奶瓶吃奶的宝宝所患的一种龋病。一些宝宝还不等乳牙出齐，已长出的牙就变成了又黑又尖的烂牙根了，这种现象大都是奶瓶齿所致。奶瓶齿最有效的预防办法就是做到科学喂养和口腔卫生护理。

1 宝宝自己抱奶瓶喝奶时，应该让宝宝在20分钟内喝完，不要任其边吃边玩，拖很长时间。

2 不能为图省事，让宝宝含着奶瓶入睡。

3 给宝宝喝奶要注意保持口腔卫生，每次喝完必须用清洁棉签或湿巾给宝宝擦拭口腔、齿龈及乳牙，即使还未出牙也要进行清洗。

4 对稍大点的宝宝尽快改用匙喂水、喂奶，逐步训练和培养宝宝饭后漱口，过渡到自己刷牙。

PART 5

13～15个月的宝宝

宝宝可以吃的饭菜越来越多，多添加富含维生素A的食物，让宝宝眼睛亮亮的。宝宝学走路的过程中，重视宝宝学步鞋，防止宝宝扁平足。

宝宝的身体发育

现在宝宝不叫"婴儿"了，而是叫作"幼儿"。这3个月内平均每月体重增加0.2～0.3千克，身长增加1.1～1.2厘米，出生后最初半年内日长夜大的现象已不存在了。由于生长速度变缓慢，在今后的几个月内每天的进食量增加得不是太多。宝宝已经长出9～11颗乳牙。满15个月时，男宝宝体重平均10.68千克，身高平均79.8厘米；女宝宝体重平均10.02千克，身高平均78.5厘米。

给宝宝断夜奶

1 宝宝断夜奶时，先减少夜间喂奶的次数，从三次到两次再到一次让宝宝慢慢习惯。

2 睡前把他喂饱，只要睡前吃饱了，宝宝基本不会饿，睡眠时间就更长了。

3 如果宝宝半夜醒来哭闹，可以用奶瓶喂点水，但不能太多，喝几口就可以了。

4 母乳喂养的宝宝对妈妈身上的气味特别敏感，所以妈妈在断夜奶期间应经常洗澡和换洗衣服，尽量减轻气味。

5 夜晚听到宝宝的哭声，喂奶的妈妈会不由自主地分泌乳汁，妈妈应抱着宁可挤掉也不能心软的态度。听到宝宝哼哼唧唧，只要不是大哭，就狠下心不理，宝宝哼唧一会儿就又睡着了，如此反复几天，夜里也就不要吃奶了。

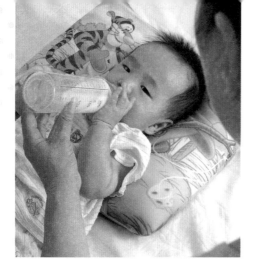

这些断奶方法不宜用

第一次当妈妈的年轻女性对于断奶也许会有很多错误的做法，下面来看看最常见的错误断奶。

速效断奶

有的妈妈不喝汤水，用毛巾勒住胸部，用胶布封住乳头，想将奶水憋回去。这些所谓的"速效断奶法"，违背了生理规律，而且很容易引起乳房胀痛。

母子分离

为了断奶，有的妈妈将宝宝送到娘家或婆家。长时间的母子分离，会让宝宝缺乏安全感，特别是对母乳依赖较强的宝宝，因看不到妈妈而产生焦虑情绪，不愿吃东西，不愿与人交往，甚至还会生病。

往奶头上涂刺激物

对宝宝而言，乳头上涂辣椒水、万金油或黄连之类的刺激物，简直是残忍的"酷刑"。而且这些刺激性的食物对婴儿口腔黏膜造成伤害，效果适得其反。

断奶后不吃奶粉怎么办

1 在下定决心后，就要适当减少喂奶次数，增加奶粉次数，先从宝宝能喝下的最小量开始，坚持下去。

2 如果宝宝不吃奶粉，那还可以吃米粉。在宝宝的米粉中加奶粉，先加少量，让他感觉味道变化不是很大，然后再慢慢增加奶粉的分量，减少米粉的分量，直至可以吃单纯的奶粉。

3 宝宝不爱喝奶粉，也有可能是味道不对他的胃口，给他换一种奶粉尝尝。

4 将奶嘴口弄得大些，漏到嘴里也会吃。虽然比较慢，但比起不吃总是好的。

专家指导

宝宝饿了就会吃的，一直饿着当然不好，而且有倔强的宝宝宁可饿着也不吃的。可以稍微让他饿一点，比如某一天选择晚1～2个小时才给吃奶粉，饥肠辘辘就会吃点。

宝宝牛奶过敏怎么办

如果给宝宝喂哺奶粉，医生可能会建议选用大豆蛋白的奶粉。如果宝宝还不能接受大豆的话，医生还可能会建议转向选用低抗原配方奶，这种奶粉里所含的蛋白质已经分解成小颗粒，这样宝宝就更容易吸收而且减少引起过敏反应的机会。

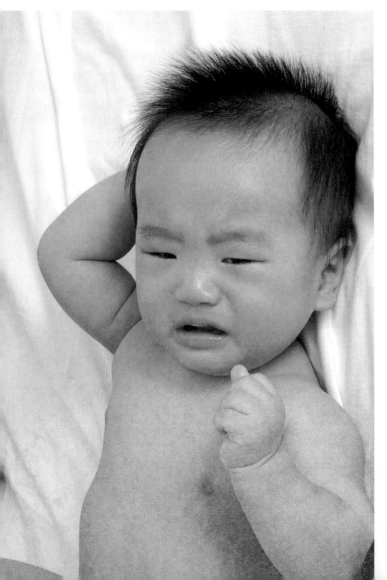

高度水解奶粉

牛奶蛋白质分解成小分子，因此比一般的奶粉引起宝宝过敏的机会更低。大部分有牛奶过敏反应的宝宝都能够接受这种奶粉。

氨基酸婴儿奶粉

这种奶粉含有最简单形式的蛋白质——氨基酸。如果宝宝不能接受高度水解奶粉的话就可以尝试一下这种奶粉了。

一旦更换了另外一种奶粉后，宝宝过敏的症状一般会在2～4周内消退。

关注乳糖不耐症

不耐症是一种常见的营养吸收障碍，一些人吃了大量乳糖后，因无法把乳糖分解成葡萄糖及半乳糖，就会出现腹泻、腹胀或腹绞痛等症状。

乳糖不耐症是基因原因导致，因为缺少消化乳糖的消化酶，目前没有根治的方法，最根本的方法是限量食用奶制品，以及含有奶制品的食物。

1 酸奶因为乳酸菌分泌乳糖酶而且已经分解了一部分乳糖，比鲜奶容易消化，所以可以让宝宝适量喝点酸奶。

2 避免乳制食品的同时，也要注意到其他很多食品含的乳制成分，例如面包里加入的乳清、高蛋白人造食品中的乳清蛋白。

3 羊奶也是一个不错的选择。羊奶乳糖含量较牛奶低，羊奶相对牛奶更养胃，其富含的营养相对来说要超过牛奶。

乳酸菌，让宝宝肠道健康

宝宝消化不好，补充乳酸菌使其产生有机酸、消化酶、乳酸及合成维生素，可以帮助消化吸收，改善肠胃功能。

由于乳酸菌不是药品，不是生病了才服用，所以从宝宝出生就能够给他服用了。一般提议6个月以内的宝宝，隔天服用；6个月到3岁的宝宝，可每天服用。

宝宝在早饭前或同餐服用，效果更好。由于这时胃酸比较低，有利于乳酸菌顺利到达肠道定植（通常空腹或进餐时胃内的PH值在5～6之间，适合乳酸菌生长的环境的ph值是3以上）。注意冲调温度不能高于37℃，即冲即喝。

给宝宝补充维生素A

1 补充适量维生素A对宝宝的眼睛很有好处，让宝宝眼睛更明亮，还可以避免夜盲症。

2 补充维生素A能让宝宝的皮肤更光泽、细腻，避免宝宝生疮长疖的可能。

3 补充维生素A能帮助宝宝减少呼吸道和消化道感染的概率，同时，增加宝宝对铁的吸收、利用，避免缺铁性贫血，提高免疫力。

我国婴幼儿每日维生素A补充剂量应在1 500～2 000国际单位比较适宜。宝宝补充维生素A，最常用的就是维生素AD滴剂，可发挥维生素AD协同作用。

专家指导

对于亚临床状态维生素A缺乏的儿童的维生素A补充干预，推荐宝宝每日口服维生素A 1 500IU～2 000IU，维生素D400IU～800IU。

13～15个月宝宝的营养汤羹

海苔鸡蛋羹

材料　鸡蛋1个，2片。

做法

1. 将鸡蛋磕破，打散后，加入和蛋液等量的温水搅匀；海苔剪碎。
2. 用滤网将蛋液过滤到蒸碗中，撇去表面的浮沫，放入海苔碎搅匀。
3. 将盛有鸡蛋液的蒸碗放到上气的蒸锅中，加盖，用中火蒸10分钟左右至凝固即可。

丝瓜香菇汤

材料　丝瓜1/3根，香菇2朵，油适量。

做法

1. 丝瓜洗净，用刮子刮去绿皮，然后切成滚刀块；香菇洗净，切片。
2. 锅内放少许油烧热，下香菇片翻炒，待香菇变软出香味后，倒入适量的温水，大火煮沸后，加入丝瓜段，煮至丝瓜熟透即可。

13～15个月宝宝的美味粥饭

山药小·米粥

材料　小米50克，山药30克。

做法

1. 小米淘净，浸泡10分钟；山药去皮，洗净，切小块。
2. 取锅加入适量清水煮沸后放入小米，大火煮沸后放入山药，待再次煮沸，转小火煮30分钟左右即可。

五彩鱼粥

材料　鱼肉、大米各30克，胡萝卜1/4根，豌豆、盐各少许。

做法

1. 鱼肉洗净，去掉鱼刺，切成鱼肉粒，在水中多泡几次，以便去腥；胡萝卜洗净，切成粒；豌豆洗净。
2. 大米淘净，入锅，稍微多加点水煮粥；待粥快熟时，倒入鱼肉粒、胡萝卜粒及豌豆，煮熟入盐调味即可。

番茄汁面片汤

材料　面粉60克，鸡蛋1个，番茄1个，肥牛片20克，豌豆10克，盐、白糖、油各少许。

做法

1. 鸡蛋磕破，加水打成鸡蛋液；番茄洗净，去皮，切小丁；豌豆洗净，焯水。
2. 将面粉加鸡蛋液、适量温水和成面团，用压面机把面团压成完整的面片。
3. 番茄丁入油锅翻炒至软烂，加足量的水用中火煮至番茄丁化开，汤汁浓稠；下入面片，至面片快熟时下入豌豆，加盐和白糖调味，快出锅时下入肥牛片，再次煮开即可。

13～15个月宝宝的丰盛主食

奶酪培根小·饭团

材料　白米饭60克，培根20克，香芹、乳酪粉各10克，海苔1片。

做法

1. 将洗净的香芹、培根、海苔均切碎；将米饭与乳酪粉、海苔碎拌匀。
2. 将培根碎放入平底不粘锅中，用中小火不停煸炒直到培根出油，加入香芹，翻炒均匀即可。
3. 将米饭放入模具中，填入炒好的培根碎，再覆盖一层米饭，用模具将饭团压实，取出饭团即可。

13～15个月宝宝的多样菜品

清蒸三文鱼

材料 净三文鱼100克，青椒1个，葱丝、姜丝、番茄酱各少许。

做法

1. 将三文鱼去骨，切小块，用刀划十字花刀，花刀的深度为鱼肉的2/3，摆放盘中；青椒洗净，切细丝。

2. 将三文鱼放入蒸锅中，加入青椒丝、葱丝、姜丝，用中火蒸至鱼快熟时，淋上番茄酱，续蒸至鱼熟即可。

橙香小排

材料 猪小排80克，橙子1个，柠檬汁、盐、酱油、白糖各少许。

做法

1. 排骨洗净，去掉血水，剁成小块；橙子剥皮，去籽，用榨汁机榨汁；橙皮洗净待用。

2. 排骨下锅，加入适量清水，开锅后煮5分钟，边煮边撇去浮沫，捞出排骨用热水冲洗干净。

3. 锅内放橙汁，加入少许橙皮及一大碗开水煮开，倒入排骨改小火炖45分钟，放入盐、白糖、酱油和柠檬汁拌匀，用小火煮至排骨骨酥肉烂即可。

避免宝宝扁平足

扁平足指的是正常足弓的缺失，或称为足弓塌陷。怎样防止宝宝患上扁平足呢？

1 提前注意，发现有征兆及时治疗。这是由于扁平足许多是遗传因素造成，在幼年时期一旦发现有扁平足之症状，应及早矫正治疗，以免骨架变形，进而影响日常生活甚至身体之健康。

2 如果宝宝有扁平足的症状，应尽量避免穿平底鞋，改为穿有跟鞋或在鞋中部加垫的鞋。平时不要行走过久，负重过多。

3 让宝宝适量运动。如加强足跖肌的锻炼，屈曲足跖，让足底外缘着地行走5分钟，每日数次，可以有效预防扁平足。

4 不要过早让宝宝小脚承受过重负荷。9个月以内的宝宝，不要让他过早下地走，也不要长时间站立。

避免宝宝O型腿

预防宝宝O型腿，妈妈们应慎重、忌盲目，应做到如下几点：

1 选择设计适合东方宝宝的纸尿裤。

2 平均每尿3次就要替换纸尿裤。

3 针对宝宝成长阶段的不同需求选择纸尿裤。

4 睡觉时用纸尿裤，不要长时间保持一个姿势。

5 不宜过早让宝宝学步。

6 如果是因为缺钙和维生素D引起的O型腿，则家长们要侧重均衡营养，及时补充钙和维生素D，多带宝宝到户外晒晒太阳等。

7 如果是因为姿势不良或者其他外力原因造成的用力不均衡而形成的O型腿，则需要矫正用力点。

宝宝患急性肠胃炎怎么办

小儿急性胃肠炎是一种常见的消化道疾病。婴幼儿胃肠道功能比较差，对外界感染的抵抗力低，稍有不适就容易发病。

1 如果是由消化不良引起的，可以调整饮食并服用乳酶生、干酵母等。

2 如果是由身体的其他疾病引起的，可选用抗生素并在医生指导下使用。

3 如果是由身体的其他疾病引起的，就应积极治疗疾病。

4 如果是不合理使用抗生素引起的，就需请教医生，让抗生素的使用合理化。

5 宝宝呕吐、腹泻失水过多，要及时补充水和电解质。

6 发高烧时，采用物理或药物降温；缺钾补钾，缺钙补钙；有代谢性酸中毒或休克时，应及时送医院急救。

宝宝口腔溃疡怎么办

对付口腔溃疡虽然没有特效疗法，但家长可通过以下方法来减轻宝宝的痛苦：

1 在宝宝口腔有溃疡时，仔细观察宝宝的口腔，找到溃疡的具体部位。如果溃疡在颊黏膜处，就要进一步找到造成溃疡的原因，比如看看患处附近的牙齿是否有尖锐不光滑的缺口，如果有这种缺口，就应当带宝宝去医院处理。

2 不要给宝宝吃酸、辣或咸的食物，否则宝宝的溃疡处会更痛。应当给宝宝吃流食，以减轻疼痛，也有利于溃疡处的愈合。

3 多关心一下宝宝，多和宝宝聊天，转移他的注意力，给宝宝创造一个轻松、愉快的生活环境。

专家指导

宝宝患溃疡后，可用维生素C药片1～2片压碎，撒于溃疡面上，让宝宝闭口片刻，每日2次。这个方法虽然很有效，但是会引起一定的疼痛，宝宝可能会不太配合。

PART 6

16~18个月 的宝宝

宝宝断奶后更需要喝配方奶粉，否则营养会缺乏。在宝宝的花样辅食中，宝宝记得多添加富含维生素C、维生素D和钙的食物。让宝宝开始学刷牙。

宝宝的身体发育

这3个月内宝宝体重及速度更缓慢。头围与胸围值基本接近，有时胸围可以超过头围，这一方面说明头围增长的速度缓慢，另一方面说明胸廓发育较前迅速。大多数宝宝前囟18个月以前关闭。满18个月时，男宝宝体重平均11.29千克，身高平均82.7厘米；女宝宝体重平均10.65千克，身高平均81.5厘米。

断奶后更需喝配方奶

这一时期的宝宝正处于快速生长发育阶段，对各种营养素需求相对较高。幼儿机体各项生理功能也在逐步发育完善，然而，他们对外界不良刺激的防御性能仍然较差。

宝宝断奶后，配方奶粉是最佳的代乳品。这主要是因为，在配方奶中，会强化添加钙、锌、B族维生素和维生素C等；而这些幼儿生长发育需要的营养素，在普通的液态鲜奶中都含量较低。

配方奶粉最好喝到3岁

只要经济能力允许，最好让宝宝将配方奶喝到3周岁。

配方奶粉是以母乳为标准、对牛奶进行全面改造，使其最大限度地接近母乳，符合宝宝消化吸收和营养需要的奶粉。它的制作过程和成分决定了它是除母乳外最适合宝宝的奶。

如何从配方奶过渡到鲜奶、酸奶？不要很刻意地今天喝配方奶，明天立马喝鲜奶，慢慢地什么都喝，都吃，然后再停掉配方奶。

补钙和维生素D，预防佝偻病

维生素D缺乏性佝偻病是一种小儿常见病，占佝偻病患儿的95%以上，是由于体内维生素D不足，使钙、磷代谢紊乱，产生一种以骨骼病变为体征的全身慢性营养性疾病。

婴儿(尤其是纯母乳喂养儿)出生后数天开始补充维生素D，每天400国际单位。但切忌过量补充维生素D，以免中毒。

多吃含钙多或能促进钙吸收的食物，例如奶类、海产品、深色蔬菜等；动物肝脏、蛋黄、鱼、肉及豆类，含有丰富的维生素D，可以促进钙的吸收。

维生素C，让宝宝远离坏血病

维生素C，又称L-抗坏血酸，是一种保护机体组织免受氧化损害的强力抗氧化剂。它具有促进结缔组织成熟和胶原合成、提高免疫功能及促进铁吸收，可维持牙齿、骨骼、肌肉、血管的正常功能，促进伤口愈合。

膳食中缺乏维生素C或维生素C摄入量不足及烹制食物的烹调不当是造成儿童缺乏维生素C的重要原因，严重缺乏者可发生坏血病。维生素C缺乏时，患者自觉乏力、易感冒，早期体征是皮肤有小的出血性瘀点或瘀斑，以臀部及下肢多见，皮肤毛囊过度角化且带有出血性晕轮是其特征。

新鲜蔬菜和水果中维生素C的含量丰富，绿色、红色、黄色的蔬菜水果如豌豆苗、菠菜、青菜、甜椒、红果等；橙子、鲜枣、猕猴桃中维生素C的含量更为丰富。

16～18个月宝宝的营养汤粥

火腿豆腐汤

材料 嫩豆腐1小块，火腿50克，葱花、油各少许。

做法

1. 嫩豆腐冲净，切小薄块，沥干水，过一下油。
2. 火腿切成丝。
3. 锅里放少许油烧热，将豆腐块与火腿一起放入煸炒片刻，加入适量清水，炖约10分钟，撒入葱花即可。

香菇瘦肉粥

材料 大米60克，香菇、猪瘦肉各20克，泡发木耳、生菜各10克，姜、葱油、盐各少许。

做法

1. 香菇、猪瘦肉、泡发木耳、生菜、姜均洗净，切丝。
2. 大米淘净放入锅中，加适量清水，大火煮沸，转小火煮至米开花时加入香菇丝、瘦肉丝、姜丝，熬出香味后，再加入木耳丝、生菜丝，稍煮片刻，放盐，点入葱油调味即可。

16～18个月宝宝的丰盛主食

火腿什蔬炒饭

材料 米饭60克，芹菜、香菇、柿子椒、胡萝卜、油菜、火腿各10克，蚝油、橄榄油各少许。

做法

1. 芹菜、香菇、柿子椒、胡萝卜、油菜洗净，切碎；火腿切碎。
2. 锅中放入橄榄油烧热，先将香菇爆炒，依次放入火腿及其他蔬菜，再加入少许水，翻炒至熟，点耗油调味。
3. 将米饭倒入，翻炒均匀即可。

豆腐鲜虾饺

材料 面粉、胡萝卜汁各60克，鲜虾3个，豆腐20克，胡萝卜1/3根，紫菜1小片，盐少许。

做法

1. 胡萝卜洗净，切成短细丝；虾处理干净，放入搅拌机，加少许清水打成虾泥；豆腐冲净，用勺子或叉子搅碎；将胡萝卜丝、虾泥、豆腐碎混合，加盐拌匀制成馅；紫菜撕碎。
2. 将面粉加胡萝卜汁和成面团，搓成长条，做成小剂子，擀成小圆皮，包入馅，做成小饺子，下沸水煮熟，盛碗时撒入紫菜即可。

16~18个月宝宝的美味菜品

蔬菜小杂炒

材料 去皮土豆、蘑菇、胡萝卜、泡发木耳、去皮山药各20克，盐、香油各少许，水淀粉、高汤、油各适量。

做法

1. 土豆、山药、蘑菇、胡萝卜、木耳洗净，切片。
2. 油锅烧热，放入胡萝卜、土豆、山药、煸炒片刻，放入高汤；烧开后加入蘑菇、木耳和盐，烧至蔬菜酥烂，用水淀粉勾芡，淋上香油即可。

火腿炒菜花

材料 菜花60克，火腿30克，葱、青椒、生抽、盐、油各少许。

做法

1. 菜花用盐水浸泡一会儿，洗净，掰成碎朵，放进开水里焯一下；火腿切成小丁；葱和青椒洗净，葱切成葱花，青椒切小片。
2. 锅中放油烧热，下葱花炒出香味，放入菜花，倒入火腿丁，再加入青椒片、盐和生抽翻炒，稍放点水，炒至熟即可。

16～18个月宝宝的可口甜品

鸡蛋布丁

材料 鸡蛋1个，配方奶粉30克，白糖适量。

做法

1. 鸡蛋磕破入蒸碗，用筷子打散。
2. 配方奶粉按标准冲泡，加白糖调匀。
3. 将配方奶缓缓倒入鸡蛋液中拌匀；将蒸碗放入蒸锅中蒸熟即可。

杧果奶昔

材料 杧果1个，原味酸奶100克。

做法

1. 杧果洗净，去皮、核，取1/3果肉切小丁，剩下的果肉切大块，放入搅拌机，加酸奶一起打成泥，搅拌均匀。
2. 将杧果泥盛入杯中，表面放少许杧果丁即可。

如何防止龋齿

龋齿也叫蛀牙、虫牙。如不及时治疗，不仅会造成牙齿进一步龋坏，也会影响其他牙齿的安全。可以采取以下方法来防止宝宝长龋齿。

1 宝宝牙齿在生长期，需要钙、磷及其他矿物质和各种维生素。所以宝宝的饮食一定要均衡，以免缺少上述元素，诱发龋齿。

2 妈妈除了做好母亲自身的口腔保健之外，还应尽量避免母亲咀嚼食物喂养婴儿，或用嘴测试奶瓶温度等不良习惯，减少传染致龋菌的机会。

3 如果饮水中氟的含量不足，宝宝可以在医生的指导下服用氟滴剂，这样就可以提高牙齿的抗龋能力，减少龋齿的发生。

清洁宝宝的牙齿

为了让宝宝的口腔健康，妈妈一定要注意宝宝牙齿的清洁卫生。

长牙时

当宝宝正在长牙时，牙床、牙龈和牙肉都非常脆弱，如果又有奶垢或食物残渣停留在上面，则会让原本轻微发炎的牙龈状况更加严重。因此，一定要注意正在长牙部位的牙齿清洁。用纱布清洗或给宝宝用清水漱口均可，力道不宜过强，以免弄痛生长中的牙齿。

长牙后

宝宝长出来的牙齿要使用儿童专用的软质牙刷来刷，而整个口腔仍可用纱布或毛巾蘸清水来清洁。必须同时以"牙刷刷牙+纱布"清洁口腔。用牙刷给宝宝刷牙时，方法和大人相同，注意牙齿的每一面都要刷到。宝宝自己先刷一次，家长再给宝宝刷一次，最后检查是否清洁干净。

教宝宝学习刷牙

要训练宝宝养成刷牙的习惯，家长首先要以身作则，让宝宝经常模仿大人的动作，同时给宝宝讲些刷牙的简单道理。

训练宝宝刷牙，一开始就应该注意掌握正确的刷牙方法，避免过多的拉锯式的横刷法。这种错误的刷牙方法不但不能把牙齿刷干净，还容易导致牙颈部损伤，造成牙齿的楔状缺陷，把牙齿刷出一条沟来，以后使用稍硬的牙刷就会疼痛。

正确的方式是顺牙缝由上而下、由下而上地竖刷。上下、内外都是顺着牙根向牙尖刷。牙合面可以横刷，这样清洁才彻底。

　　每次刷牙至少需要3分钟时间，另外，冬天最好用温水刷牙，一些本身有牙病的宝宝，使用冷水刷牙容易刺激到牙髓，引起疼痛。建议早晚刷牙，进食后都应该漱口。

为宝宝选购牙刷和牙膏

　　在宝宝开始刷牙前，爸爸妈妈要为宝宝选择合适的牙刷和牙膏。

牙刷

　　要选用儿童牙刷。牙刷刷毛软硬适中，太硬的牙刷易损伤牙齿表面、损伤牙龈，太软的牙刷则起不到清洁的作用。一般牙刷在使用3个月后就应该更换，不过如果发现蓝色的刷毛颜色变浅或者刷毛向外则要及时更换。

牙膏

　　最好选用刺激轻微而含水果芳香味的儿童牙膏，3岁以下儿童不要使用含氟牙膏。最好早晚牙膏选用不同的品牌，因为牙膏中也含有杀菌的成分，如果总是使用同一种牙膏，口腔中的细菌就会适应这种牙膏，不利于除菌。

宝宝户外活动注意安全

户外活动时要注意安全，遇到有人带宠物时，要远离宠物，别人家的宠物对你的宝宝不熟悉，可能会有攻击行为。

最好不要把宝宝带到马路旁，过往的汽车放出的尾气含较高的铅，如果把宝宝放到小推车里，距离地面一米以下，正是废气浓度最高的地带，宝宝则成了吸尘器，这对宝宝危害是很大的，与其这样，还不如让宝宝待在家里。

要把宝宝带到花园、居民区活动场所等环境好的地方。要避免户外的蚊虫叮咬。在树下玩时要注意树上的虫子可能会掉到宝宝身上，树上鸟粪、虫粪也可能会掉到宝宝头或脸上。

宝宝吸手指怎么办

宝宝爱吸手指的原因，可分为三类：无聊、情感上的需求没有被满足、习惯性动作。建议使用以下几种方法，帮助宝宝戒掉爱吸手指的习惯。

忽略法

这是最常用也最有效的方法，因为会持续到5岁之后的宝宝非常少，如果父母使用带来较多负面影响的方法来戒除，反而会强化行为的发生。

奖励法

利用适当的赞美和鼓励，让宝宝戒掉吸手指的习惯。

分散法

如果宝宝是因为无聊才吸手指的话，爸爸妈妈可以通过一些互动的小游戏，来转移他的注意力。

开心法

宝宝若在情感上获得足够的关心，就不会想通过吸手指的方式来获得快乐，所以如果父母给予较多的关爱，也能帮助宝宝戒掉吸手指的习惯。

宝宝感冒怎么办

宝宝免疫系统不成熟，容易感冒。除了去医院看病外，家人要做好护理工作。

1 充分休息。对于感冒，良好的休息是至关重要的，尽量让宝宝多睡一会儿，适当减少户外活动，别让宝宝累着。

2 照顾好宝宝的饮食。让宝宝多喝一点水，多吃一些含维生素C丰富的水果和果汁。尽量少吃奶制品，因为它可以增加黏液的分泌。

3 让宝宝睡得更舒服。如果宝宝鼻子堵了，你可以在宝宝的褥子底下垫上一两条毛巾，让宝宝头部稍稍抬高能缓解鼻塞。

4 保持空气湿润。可以用加湿器增加宝宝居室的湿度。

宝宝上火了怎么办

宝宝上火时，会出现大便干结、口舌生疮等症状。下面这些方法可解决宝宝上火问题。

1 可以给宝宝喝一些绿豆汁或绿豆粥，这些都是清火的好方法。

2 少吃桂圆、荔枝等热性水果；食物中应尽量避免过多使用辛辣重味的调味品，如姜、葱、辣椒等等。

3 让宝宝坚持进行适当的体育锻炼，对宝宝增强体质，提高机体的免疫力和抵抗力是有很大帮助的，这是预防"上火"、防止病毒侵入的关键。

4 如果宝宝"上火"较为严重的话，家长也可以在医生的指导下选择一些安全性高的中成药给宝宝服用。

专家指导

为宝宝做个蒸汽浴，带宝宝去浴室，打开热水或淋浴，关上门，让宝宝在充满蒸汽的房子里待上15分钟，宝宝的鼻塞定会大大好转。

PART 7

19~21个月的宝宝

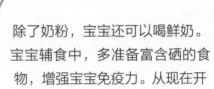

除了奶粉，宝宝还可以喝鲜奶。宝宝辅食中，多准备富含硒的食物，增强宝宝免疫力。从现在开始，可以给宝宝穿满裆裤了。

宝宝的身体发育

这段时间的宝宝体格继续发育，身高、体重每月继续增长。大脑已基本发育完成它的各项生理功能。人脑的生长发育在其出生前的最后三个月以及出生的两年内最快。19~21个月的宝宝，正处在这个阶段。满21个月时，男宝宝体重平均11.93千克，身高平均85.6厘米；女宝宝体重平均11.3千克，身高平均84.4厘米。

如何调配鲜牛奶

在动物乳中，常被选作喂养宝宝的乳汁是牛奶。和其他乳类比较牛奶蛋白质含量较多，而且容易买到。为了使牛奶的成分尽可能接近人乳，并使之无菌、便于宝宝消化，要对牛奶进行调配，方法如下：

稀释

由于牛奶中蛋白质、脂肪和矿物质等含量较多，需要给予稀释，2份牛奶加1份水。

加糖

因为牛奶含糖量较低，较低的糖口味欠佳，糖、蛋白质、脂肪比例不如母乳合理，故在喂养宝宝前要在牛奶中加一些糖。一般以100毫升牛奶中加5~8克糖为宜。

煮沸

牛奶很容易被细菌所污染，细菌在牛奶中可以很快地繁殖，牛奶在喂给宝宝前一定要煮沸消毒。煮沸的目

的一是灭菌，二是改变牛奶中蛋白质的性状，也就是说让牛奶的酪蛋白分子变小，使之容易为宝宝所消化。鲜牛奶一般煮沸3～4分钟为宜，如果煮沸过久，则破坏了奶中的维生素、酶和脂肪酸等物质。

适量补硒，提高宝宝免疫力

硒是人体必需的矿物质营养素，合理补硒对身体健康非常重要，可以提高宝宝免疫力。硒缺乏最明显的病症是克山病，主要发生于2～6岁儿童。硒元素缺乏还会影响智力的发育，硒元素充足可以让宝宝更聪明。

一般来说，含蛋白质高的食品含硒量较高，动物内脏＞海产品＞鱼类＞蛋类＞肉类＞蔬菜＞水果。举例来说：一天主食中有小麦粉100克(硒6.4微克)，鸡蛋1个(硒12微克)，鲢鱼100克(硒25微克)，鲜蘑菇100克(硒12微

克)，即可达到中国营养学会推荐的硒摄入量。

补硒也不能过量，过量的摄入硒可导致中毒，出现脱发、脱甲等。

给宝宝吃海鲜

第一次吃鱼，应吃河鱼、河虾，这样引发过敏的概率相对小一些。宝宝初次尝试鱼虾时，微量即可，待确认没有过敏表现时方可逐渐加量。

吃小鱼小虾更安全，体积大、分量重的鱼体内容易蓄积更多的有毒重金属，小于两斤的鱼安全系数更高。

鱼虾少油炸、多炖蒸，油炸易使多不饱和脂肪酸氧化破坏，不但营养降级，还会产生有害的脂质过氧化物。

汤水要为辅。鱼虾含蛋白质、钙、钠的量都高，食后需要更多的水分来帮助消化，因此，更适合安排在早餐和午餐中，并搭配青菜汤；下午和傍晚则注意给宝宝多喝清水。

专家指导

每周不要吃鱼虾太多，宜3～4顿，过于频繁地吃鱼虾会导致营养失衡，同时也有重金属超标的危险。

19～21个月宝宝的营养汤粥

黑芝麻核桃粥

材料　大米30克，糯米20克，熟芝麻、核桃各15克，冰糖适量。

做法

1. 大米、糯米淘净，浸泡20分钟；熟芝麻、核桃碾碎。

2. 将大米和糯米放入锅中，加入适量清水，大火煮开后加盖转小火炖煮；待粥熟时，放入熟芝麻与核桃碎搅匀；续煮至米粥黏稠时加入冰糖，煮至冰糖溶化即可。

丝瓜豆腐汤

材料　丝瓜1根，豆腐50克，姜末、水淀粉、盐、油各少许。

做法

1. 丝瓜去皮，洗净，切片；豆腐冲净，切小块。

2. 油锅放少许油烧热，加入姜末爆香后下入丝瓜，炒透后加适量清水，大火煮开后，下入豆腐块，中火焖煮5分钟，加水淀粉勾芡，入盐调味即可。

19～21个月宝宝的
可口甜品

肉羹饭

材料 米饭50克，猪肉末、白萝卜丝、胡萝卜丝各20克，鸡蛋1个，盐、白糖、香油、水淀粉、香菜末各少许。

做法

1. 鸡蛋打到碗里搅拌均匀。
2. 锅内加适量清水放入胡萝卜丝、白萝卜丝煮开后，放入猪肉末和少许盐、白糖、香油，再次煮开后，用水淀粉勾芡，倒入蛋液，撒上香菜末，做成肉羹；浇在米饭上即可。

肉松小·馒头

材料 猪肉松1汤匙，面粉60克，牛奶20克，鸡蛋黄1个，发酵粉少许。

做法

1. 将面粉、牛奶、鸡蛋黄、发酵粉、适量温水和成面团，面团发饧后做成4个小馒头蒸熟。
2. 将小馒头从中间稍微撕开，放入适量肉松即可。

19~21个月宝宝的 爽口凉菜

豆腐凉菜

材料 圆白菜叶1/2片，豆腐1小块，胡萝卜1/4根，盐、酱油各少许。

做法

1. 圆白菜叶、胡萝卜洗净，过水焯一下，切碎。

2. 豆腐冲净，捣碎除去水分，与圆白菜碎、胡萝卜碎搅拌均匀，放入盐和酱油调味即可。

凉拌小·黄瓜

材料 小黄瓜80克，生抽、盐、大蒜、白糖、香油各适量。

做法

1. 小黄瓜洗干净，对半剖开，用刀轻轻地拍一下，切菱形，然后加盐腌制10分钟。

2. 大蒜剥皮，切末，拌入黄瓜中，再加白糖、香油、生抽拌匀即可。

19~21个月宝宝的美味菜品

豌豆炒虾仁

材料 豌豆20克，虾50克，盐少许，料酒、水淀粉、橄榄油各适量。

做法

1. 豌豆洗净，放开水锅中氽烫至熟；虾收拾干净，用料酒腌制一会儿。

2. 炒锅中放少许橄榄油烧至温热，将虾仁倒入锅中翻炒至表面变色，加入豌豆一起翻炒片刻，加盐调味，用水淀粉勾薄芡即可。

猪肉炒茄丝

材料 茄子100克，猪瘦肉40克，酱油、葱、姜、盐、油各少许。

做法

1. 猪瘦肉洗净，切丝；茄子洗净，去皮，切丝；葱、姜洗净，切成末。

2. 锅中放少许油烧热，下葱末、姜末煸炒，然后放猪肉翻炒片刻，盛出。

3. 重起油锅，倒入茄子翻炒，加盐与猪肉一起炒，待熟时，点酱油炒匀即可。

给宝宝穿满裆裤

宝宝穿满裆裤最好从夏季开始。先让宝宝适应穿满裆短裤，以后再穿长裤。到冬季时，可以在里边穿开裆棉毛裤，外面套一条满裆裤，大小便时只脱外面的裤子就行了。

给宝宝选择合适的裤子。最初可选择裤裆既可开而又能关的样式，这样既方便宝宝大小便，又能达到穿满裆裤的目的。宝宝初步能处理时，就选择宽松易解的裤子，便于宝宝自己穿脱。棉质、吸水性强、易于清洗的裤子最好。

宝宝刚穿满裆裤时，上卫生间时大人要与宝宝同行。最初要帮助宝宝穿脱裤子，以后逐渐引导他自己料理。

别让服装污染宝宝

婴幼儿服装上的涂料印花可能里面含有甲醛，会刺激眼睛、皮肤和黏膜。不合格印花染料中的芳香胺容易被皮肤吸收，引起过敏。纺织品的pH值过高或过低都会引起皮肤过敏或诱发感染。

挑选宝宝服装要看吊牌和耐久标签，吊牌上应有质量等级、安全技术类别等标志，耐久标签上应有纤维成

3岁以下的宝宝尿湿裤子是难免的，妈妈一定要有耐心，多鼓励、少责骂，培养宝宝穿满裆裤的习惯，如此宝宝才能更快地学会自理。

分含量、洗涤方法等标志。闻闻是否有甲醛的刺鼻气味，不要购买做过抗皱处理的服装，尽量选择小图案的童装，图案上的印花不要过硬。如果服装摸上去手感过硬，则说明甲醛和固色剂含量过高。

宝宝衣物洗涤剂的选择

宝宝的皮肤非常娇嫩，发育不完善，对过敏物质、化学反应物的反应比成人强得多、敏感得多。

作为宝宝的照护者，妈妈当然用尽全心来呵护这个小宝贝。给宝宝洗衣服时，一定要给宝宝选用专用的衣物清洗剂，不然宝宝的衣物就可能成为宝宝娇嫩皮肤的伤害者。宝宝专用洗剂的pH值接近中性，碱性小，不含磷、荧光剂、漂白剂等，可以避免给宝宝的皮肤增加额外的刺激。

替宝宝擦澡

炎热的时候，宝宝都是顽皮的小猴子，整天动个不停，刚给他洗过澡，又冒汗了。不可能时时刻刻洗澡，那就要学会给宝宝擦澡。

1 准备好一盆加了宝宝沐浴液的温水。

2 先脱去宝宝的上半身衣服，用小毛巾蘸湿温水，轻轻挤干，擦洗宝宝的颈部，然后用干毛巾擦干。

3 用小毛巾蘸湿温水，挤干，擦洗胸腹部各处，然后再用干毛巾擦干。

4 抬起宝宝的手臂，擦洗他的腋下部分，这里是最容易积有汗液和污垢的地方，然后擦干。

5 接着洗他的前臂。如果宝宝乐意，可以把他的手放在水中清洗，然后擦干。

6 让宝宝身体前倾，俯靠在你的手臂上，洗背部和肩膀，然后擦干。

7 给宝宝穿上内衣，然后脱掉裤子，洗他的脚与腿。最后拿掉他的尿布，清洗小腹、外阴和臀部后再擦干，并包上尿布，穿上裤子和袜子。

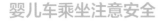

婴儿车乘坐注意安全

1 如果在车架上有减振器或系有玩具，要固定好，以免掉在宝宝头上。

2 如果车架可以折叠，要保证宝宝够不到折叠开关。将宝宝放入车架前应该锁好折叠开关。一旦会单独坐立，就不要再使用车架，否则非常容易摔出车架。

3 婴儿车都应该有刹车，无论何时停止行走时，都要使用刹车，不要让宝宝自己松开刹车杆，以免发生危险。婴儿车上要有安全带，孩子无论何时都应该使用。

4 不要让宝宝单独待在婴儿车里。不要把袋子挂在婴儿车的把手上，以免婴儿车向后翘起。

带宝宝旅行注意事项

1 带小宝宝出门旅游首选目的地应该是有优美自然风光的旅游城市，因为城市相对配套服务较为完善，无论住宿还是饮食，如果出现意外情况，都能有较好且快捷的解决方式。初次带小宝宝出游，尽量减少旅途时间。

2 尽量尊重宝宝的作息习惯，将搭乘交通工具的时间尽量安排在他需要休

息的时候。而且旅行途中，中午尽量安排在酒店休息，不要每天都像旅行团一样带着宝宝赶路。晚上根据宝宝的作息习惯，尽量不安排行程，尽量依照宝宝平时的洗澡就寝时间。

3 提前考虑一下意外情况。比如事先了解酒店附近有没有超市，如果宝宝意外生病去什么医院急诊，最好在当地能有认识的朋友。

宝宝出水痘怎么办

1 宝宝出水痘时，如果没有并发症，注意多休息就可以了。

2 由于出水痘的部位有点痒，宝宝常常用手去抓挠。宝宝的指甲和手部有许多细菌污染，引起疱疹糜烂化脓，留下瘢痕。因此，不要让宝宝用手抓水疱，要给宝宝剪短指甲，保持手的清洁，必要时可戴上手套或用布包住手，以防抓破后继续感染。如果个别的水疱已抓破，可在局部涂甲紫溶液。

3 在出水痘期间，家长应给患儿吃易消化的食物，并多吃维生素C含量丰富的水果、蔬菜。如果小儿出现高热、咳嗽、抽搐等表现，应尽快到医院诊治。

专家指导

小儿出水痘后，家长不要带宝宝去公共场所，不去有病人的家中串门，以防止发生其他感染。

宝宝拉肚子怎么办

宝宝消化系统发育不成熟，一旦喂养或护理不当，往往很容易发生腹泻。

1 如果是喂养不当导致的腹泻，腹泻时暂时停止辅食添加，腹泻好转后再逐渐添加。了解宝宝的食用量，不可一次性喂宝宝太多食物，尤其是肉食。

2 如果是秋季腹泻，爸爸妈妈要耐心地喂口服补液防脱水；可暂停部分辅食，如肉、蛋等，待腹泻减轻再开始食用。体温超过38℃，使用退热药，要按药物的说明书服用。

3 如果是消化性痢疾，要给宝宝吃易消化的软食，如面条汤、米粥等，让宝宝多喝水或口服补液盐。

4 如果是腹部受凉导致的腹泻，保持腹部温暖，可多穿一件衣服，或用热水袋压在腹部。

PART 8

22～24个月 的宝宝

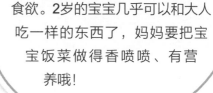

多给宝宝吃加锌餐，增加宝宝的食欲。2岁的宝宝几乎可以和大人吃一样的东西了，妈妈要把宝宝饭菜做得香喷喷、有营养哦!

宝宝的身体发育

这段时间宝宝的能力有了很大发展，而身高、体重增长却不是很大。这期间宝宝已经长出18颗乳牙，可以自己好好刷牙了。满24个月时，男宝宝体重平均12.54千克，身高平均88.5厘米;女宝宝体重平均11.92千克，身高平均87.2厘米。

配方奶不宜和钙片同服

配方奶是一种富含钙并且吸收良好的食物，每100毫升牛奶中就含有钙约120毫克，其中的蛋白质和脂肪含量也都较高。

单纯喝配方奶，钙的吸收已经达到或接近饱和的范围了，如果将钙剂与配方奶同时服用，就可能造成钙的浪费。因为当钙摄入量达到一定范围

时，再增加钙的摄入就可能导致胃肠道对钙的吸收下降，而且钙剂与配方奶混合后，可能导致牛奶中的大分子胶质发生变性，形成絮状沉淀，影响配方奶的感官性状。

适合宝宝吃的水果

1 苹果：富含纤维物质，可以为宝宝补充足够的纤维质。熟苹果泥还是治疗儿童消化不良的好药方。

2 香蕉：钾的含量很高，这对宝宝的心脏发育和肌肉发育很有好处。

3 甜瓜：维生素A和维生素C含量很高，是宝宝补充维生素的理想食物。

4 梨：富含维生素，生食、榨汁、炖

煮，对宝宝肺热咳嗽、麻疹等症有较好的治疗效果。

5 山楂：富含维生素C和钙，还有开胃的作用，非常适合消化不良的宝宝食用。

宝宝不宜吃太多糖果

宝宝一般都爱吃甜食，但从医学的角度看，还是少吃为好。

如果过多的糖类物质在体内得不到消耗，便转化为脂肪贮存起来，造成宝宝的肥胖。甜食还可消耗体内的维生素，使唾液、消化腺的分泌减少，而胃酸则增多，从而引起消化不良；如果食用的糖量超过食物总量的16%～18%，就会使宝宝的钙质代谢发生紊乱。淀粉在加工成糖的过程中，维生素B_1几乎全部被破坏，宝宝食欲会降低。

糖吃多了易得龋齿，还会导致近视。糖偏酸性，食用过多，能消耗体内的碱性物质，特别是钙、铬等矿物质。

宝宝不宜吃生冷食物

生的动物性食物，是人体另一个细菌感染的来源，容易造成宝宝腹泻。除此之外，生冷的食物还不易消化，容易伤及宝宝的脾胃。

1 冷饮和冰箱里拿出来的东西不能给宝宝吃，因为宝宝太小，肠道还未完全，也不是很高。

2 在日常烹饪食物的时候，妈妈一定要保证食物已经熟透，特别是海鲜等肉类。

3 妈妈为宝宝挑选食物，应该以温热的食品为主，煲菜类、烩菜类、炖菜类或汤菜等做法都非常适合宝宝的肠胃。

专家指导

1岁以上的宝宝处于牙齿发育期，过多的冷饮会刺激到牙齿根部，影响宝宝牙齿的发育。未煮熟的食物可能残留有虫卵，如果宝宝吃了易得胆道蛔虫症。

不宜给宝宝喝高糖饮料

含糖饮料，如碳酸饮料、果汁、奶茶，几乎没有什么营养，还会减少人体吸收其他重要的营养素，如蛋白质和维生素等。宝宝喝了还会对大脑和生长发育产生不良影响，容易导致注意力不集中，甚至增加患多动症的风险。

高糖饮料热量高，饱腹感不强，

很容易就能喝下一瓶，额外摄入过多能量，最终导致宝宝肥胖。

喝甜饮料多的宝宝，膳食纤维的摄入量通常会减少，淀粉类主食和蛋白质也吃得较少。这对发育期的宝宝尤其不利。

饭前不宜吃糖

如果在饭前给宝宝吃过多甜食，会使其体内的血糖水平升高，使宝宝的饥饿感消失，这时再让宝宝吃饭，他会没什么食欲，吃不下多少东西。时间一长，维持宝宝生长发育所需要的大部分营养成分就会缺乏，造成营养不良，进而影响宝宝的身体发育。

饭前吃糖过多，会使大量的糖分驻留在胃里，促使胃肠道酸度增加，导致胃里反酸；食物进入肠道后，会在肠内发酵，容易引起宝宝腹胀等症状。

另外，空腹吃糖会大量消耗人体内的B族维生素，导致宝宝出现缺乏食欲，唾液及消化液分泌减少，从而引起消化功能减弱。

因此，饭前吃糖对宝宝而言是有弊而无利的。但由于宝宝生性活泼好动，平日里的能量消耗较多，适当吃点糖果也可以，但时间应安排在饭后1～2小时或午睡后。

常吃加锌餐，宝宝吃饭香

1 锌是味觉蛋白的基本成分，味觉蛋白又被称为味觉素，对味觉有着重要的作用。锌还能增强消化系统中羧基肽酶的活性，促进消化，增强食欲。

2 锌对维持口腔黏膜细胞的正常结构和功能也具有重要作用，缺锌时，口腔黏膜细胞发育不全，导致味觉敏感度降低，食欲下降。

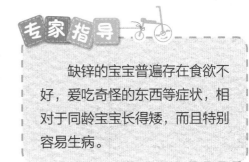

专家指导

缺锌的宝宝普遍存在食欲不好，爱吃奇怪的东西等症状，相对于同龄宝宝长得矮，而且特别容易生病。

3 锌广泛参与核酸和蛋白质的代谢，因此影响到各种细胞的生长、分裂和分化，尤其是DNA复制。锌能促进脑细胞发育和分裂，为儿童智力发育打下坚实的物质基础。

宝宝补锌大法

中国营养学会推荐锌的日需量为：初生到6个月婴儿3毫克；7～12个月婴儿5毫克；1～3岁幼儿10毫克。

1 婴儿补锌靠母乳。至少母乳喂养婴儿3个月，然后再逐渐改用牛乳或其他代乳品喂养。母乳中锌的吸收率高，可达62%。尤其是初乳含锌量高，平均浓度为血清锌的4～7倍。

2 断奶后辅加富含锌的食品。如牛肉、羊肉、猪瘦肉、动物肝、花生、黄豆、胡萝卜、牡蛎等。动物性食物的含锌量高于植物性食物，且动物蛋白质分解后所产生的氨基酸能促进锌的吸收，吸收率一般在50%左右；而植物性食物所含锌，可与植物酸和纤维素结合成不溶于水的化合物，从而妨碍人体吸收，吸收率仅20%左右。

22～24个月宝宝的营养汤粥

紫薯银耳雪梨汤

材料 紫薯30克，雪梨50克，银耳10克。

做法

1. 银耳用温水泡发，去蒂，撕成小片；紫薯、雪梨洗净，去皮，切小块。
2. 将紫薯、雪梨、银耳放入锅中，加适量清水，大火烧开后，转中火煮约20分钟即可。

香菇排骨粥

材料 排骨50克，香菇2朵，大米30克，菠菜20克，姜丝、盐各少许。

做法

1. 大米洗净，浸泡4小时；排骨去除血水，洗净，切碎块；香菇洗净，切丝；菠菜洗净，焯水，切碎。
2. 将大米、排骨入锅，加入适量的清水，中火煮开后，转小火熬煮约20分钟。
3. 加入香菇丝、姜丝，续煮约8分钟，放入菠菜碎煮开，加盐调味即可。

22～24个月宝宝的 丰盛主食

豆角蛋炒饭

材料 米饭60克，鸡蛋液1个，豆角、香肠、虾皮各10克，生抽、盐、油各少许。

做法

1. 豆角洗净，与香肠一起切成粒。

2. 热锅放少许油烧热，下鸡蛋液，炒成金黄色，用勺子弄成小块盛出。

3. 重起油锅，下豆角粒，放盐，炒至变色后，加入香肠粒和虾皮翻炒1分钟，倒入米饭与鸡蛋块炒均匀，再加生抽与盐调味即可。

银鱼蔬菜饼

材料 小银鱼1勺，韭菜、小葱各2棵，鸡蛋液1个，面粉100克，油适量。

做法

1. 将银鱼放在细筛子中，用开水冲洗，滤去盐分，切碎；韭菜、小葱洗净，切碎；将面粉、鸡蛋液与适量清水调成面糊，放入韭菜、小葱拌匀。

2. 平底锅淋少许油烧热，放入面糊摊成薄饼，煎至两面金黄，将煎好的薄饼切成合适大小即可。

22～24个月宝宝的爽口凉菜

胡萝卜拌莴笋

材料　胡萝卜80克，莴笋40克，香油、盐各少许。

做法

1. 胡萝卜、莴笋洗净，去皮，切丝。
2. 锅置火上，放入适量清水煮沸，放入胡萝卜与莴笋焯熟，捞出沥干水分。
3. 将胡萝卜与莴笋放入碗内，加盐、香油拌匀即可。

腐竹拌黄瓜

材料　腐竹1根，黄瓜1/2根，泡发木耳10克，胡萝卜1/4根，醋、白糖、生抽、香油、盐各少许。

做法

1. 腐竹用凉水泡发，放入沸水中焯熟，捞出用凉白开过凉，挤干水分后切成小段；黄瓜洗净，切成细丝；泡发木耳、胡萝卜洗净，放入沸水中焯熟，捞出待凉后切细丝。
2. 将腐竹与黄瓜、木耳、胡萝卜放入碗中，加醋、白糖、生抽、盐和香油搅拌均匀即可。

22~24个月宝宝 的美味菜品

清炖排骨

材料 猪小排100克，小葱、姜各适量，盐少许。

做法

1. 排骨洗净，焯水去除血水，再洗净，切小块；小葱洗净，切段；姜洗净，切片。
2. 将排骨、姜片放入锅中，加适量温水，大火煮沸后，转小火炖煮约40分钟，加葱段、盐调味即可。

香菇鸡肉

材料 鸡脯肉50克，豆腐30克，香菇1朵，西蓝花20克，鸡蛋清1个，盐、酱油、淀粉、油各少许。

做法

1. 鸡脯肉、豆腐洗净，切成小丁；香菇洗净，切丝；西蓝花洗净，撕成小朵，放在开水里汆熟。
2. 锅里放少许油烧热，下入鸡脯肉与香菇翻炒，加少许水煮熟；放入豆腐，用盐、酱油、淀粉调味勾芡，煮至黏稠；最后将西蓝花放入锅内，淋入鸡蛋清，翻炒均匀至蛋黄熟即可。

宝宝别和宠物太亲密

宝宝非常喜欢小猫、小狗等小动物，看见猫狗就走不动路，总要上前去又摸又抱好一阵儿。宝宝与宠物接触可能会使炎症恶化，进而引发上呼吸道结构改变，增加成年时打鼾的概率。另外，小狗小猫可能会带来胃部疾病。因为幼小的动物经常会感染一种易引起食物中毒的病菌。当人们捡拾幼小宠物毛上的遗留排泄物时，病菌会由此得以传播。得病症状很容易被误认为是由胃部病菌引起的，通常表现为腹泻、胃绞痛、腹痛以及发烧。因此，为婴幼儿的健康着想，最好是让宝宝远离宠物。

防止宝宝被蚊虫叮咬

1 注意室内清洁卫生，定期打扫，不留卫生死角，不给蚊虫以藏身繁衍之地；开窗通风时不要忘记用纱窗做屏障，防止各种蚊虫飞入；在暖气罩、卫生间角落等房间死角定期喷洒杀蚊虫的药剂，最好在宝宝不在的时候喷洒，并注意通风。

2 蚊帐是很好的防蚊工具，但宝宝睡觉爱活动，如果小胳膊、小腿、小脸挨着蚊帐，蚊子会通过蚊帐的空隙叮咬宝宝，解决的办法就是在小床的四周挡上一层高度约30～50厘米的薄布。

专家指导

电蚊香是比较合适的灭蚊用品，但父母在选购电蚊香片时，一定要查看它们的配方，好的电蚊香片采用的是高纯度的菊酯，无气味，刺激性极小。

3 傍晚把宝宝抱到户外活动，要注意防蚊。傍晚时分户外的蚊子比较猖獗，可以用扇子在宝宝周围轻轻地扇风，驱赶蚊子。

宝宝乘车坐汽车安全椅

宝宝正确的乘车方式是使用儿童安全座椅。

儿童在成长过程中身体各部位的机能尚未发育健全，而汽车安全带、安全气囊等防护措施均根据成人身体标准设计制造，对乘车儿童的安全构成极大隐患。发生撞击时，被安全带绑住的儿童，颈部可能因无法承受冲力而折断，而安全气囊弹出后，很可能会将儿童闷死。

只有安全座椅才能最直接有效地保护宝宝。国内外专家研究结果证明：汽车使用儿童专用的安全装置可有效地将儿童受伤害的概率降低70%左右，伤亡的比例从11.5%减少至

3.5%。儿童因正确地使用了经过安全测试的儿童汽车座椅而避免了致命伤害。

宝宝吹空调要注意

空调温度最好调到27℃左右。

现在的大部分空调都没有调节湿度的能力，宝宝的皮肤跟大人不一样，所以给宝宝吹空调必须给宝宝补充足够的水分。虽然是夏季，但是给宝宝喝水也不能太冷。最好是自来水烧开凉成温开水，毕竟温开水最能解渴。

在空调房里，坚持给宝宝穿肚兜或者是小背心，最好穿上中袖的衣服。最好再准备一个小毛毯，宝宝在空调房睡觉给宝宝保暖，睡着的宝宝最容易受凉。

一般开空调的房间都是密闭的，空气流通不好，容易滋生细菌，所以早上傍晚都要开窗通风。

防治宝宝蛔虫病

预防蛔虫病要把握好病从口入这一关。让宝宝养成良好的卫生习惯，饭前便后要洗手，不喝生水，不吃生的食物。家长一定要搞好家庭饮食卫生，菜制作之前必须要洗干净，生食与熟食必须要分开。

治疗蛔虫病在医生的指导下可选用阿苯达唑、左旋咪唑。感染严重者1周后重复治疗一次。亦可选用噻嘧啶，属驱蛔虫较理想的药物。

防治小儿厌食症

有的宝宝会出现厌食病症，随着食欲明显减退，宝宝体重下降，毛发增多，表情淡漠，注意力涣散，体温下降，心率慢，血压偏低。那怎样预防宝宝得小儿厌食症呢？

1 对于1岁以上的宝宝，需要注意培养他自己进食的能力，以提高他进食的兴趣。

2 增加宝宝户外活动的时间，可消耗能量，促进消化液的分泌，增进食欲，促进食物的消化吸收的。

3 控制零食也是非常必要的，不要给宝宝吃太多的零食、饮料等。

4 吃饭应有稳定而安静的场所和轻松愉快的气氛，愉快的情绪可兴奋大脑皮层的进食中枢，提高食欲。最好和宝宝一起吃饭，要教育宝宝集中思想，细嚼慢咽，不要边吃边玩等。在吃饭时，切忌批评训斥宝宝，也不要在吃饭时逗宝宝玩等。避免把气氛弄僵，造成宝宝更加厌食。

宝宝咳嗽怎么办

宝宝咳嗽有痰一般是由风热引起的。风热引起的咳嗽一般要在止咳的基础上进行降火，所以除了煮梨水、萝卜水外，也可以让宝宝多吃有清热降火功效的水果，如西瓜等。

观察宝宝的舌苔，如果舌苔是白的，就如同冬天下的雪一样，说明宝宝寒重，咳嗽的痰也较稀、白黏，并兼有鼻塞流涕，这时应吃一些温热、化痰止咳的食品。如果宝宝的舌苔是黄、红，说明宝宝内热较大，咳嗽的痰是黄稠，不易咳，并有咽痛，这时应吃一些清肺、化痰止咳作用的食物。

宝宝发高烧、咳嗽、喘鸣，伴有呼吸困难，需立即送医院紧急处理。

专家指导

如果宝宝咳嗽时手脚不发凉，但面色发红，咽喉肿痛，小便颜色黄、气味重，可以给宝宝喝淡盐水、梨水。

常见的意外伤害与急救

溺水

将宝宝的头部放低，让水流出来，如果溺水者无法自发性呼吸时，就必须立即施以口对口人工呼吸或尽快供应纯氧，必要时亦得做心脏按摩。

过敏性休克

有时宝宝服用药物或被昆虫咬伤后突然脸色发白、呼吸困难，必须尽速送医治疗，这情况是有生命危险的。

头皮挫伤

请立即以拇指下方手部肌肉按压患部，之后用冷毛巾敷在患部上五分钟。

手指头夹伤

当宝宝手指头被门夹到，请以流动的冷水冲患部3～5分钟。视其严重程度，可用含山金车的湿绷带包扎或者立刻就医。

牙齿完全断裂

立刻带宝宝及放在唾液中保湿的牙齿去看牙医，切记千万不可让孩子将牙齿含在口中。

PART 9

25~27个月的宝宝

给宝宝吃些粗粮吧，对宝宝生长发育有好处，不过一定记得要粗粮细做哦！另外，将钙和磷一起补，可以让宝宝强筋壮骨。

宝宝的身体发育

这个阶段，宝宝的身体发育又上了一个台阶，身体长高了，体重也增加了许多，出牙在16~20颗之间。满27个月时，男宝宝体重平均13.11千克，身高平均91.1厘米；女宝宝体重平均12.5千克，身高平均89.8厘米。

宝宝也需要粗粮

宝宝脾胃虚，容易出现感冒、身体瘦小、食欲减退、睡眠不安等现象。吃些粗粮，对于幼儿来讲是有一定好处的。

小米有健脾和胃的作用，小米粥上的一层黏稠的"米油"营养极为丰富，对恢复胃肠消化功能很有帮助，比较适合脾胃虚热有反胃的幼儿。玉米有健脾利湿、开胃益智的功能，多吃可提高胃肠功能及。薏米有补肺、清热利湿作用，含量远比大米、白面高，而且易消化。

各种杂粮的营养价值远远高于各种精米白面，如果粗粮细作，就非常适合宝宝吃了。比如：白米和糙米按照3：1的比例放，而且煮饭时要多加些水，这样煮出来的饭就软软滑滑的了；将白米和各种杂粮，如糙米、黑糯米、薏米、小米、麦片、红豆、绿豆、玉米粒等一起煮，加入红枣、葡萄干，这样的粥不仅营养够丰富，而且绵烂好入口；玉米面粥加红糖或芝麻酱；鲜玉米煮熟，剥下玉米粒可以给宝宝当零食吃。

这些食物，多吃无益

橘子

橘子含有叶红素，吃得过多，容易发生叶红素皮肤病、腹痛、腹泻，甚至引起骨病。

菠菜

菠菜中有大量草酸，草酸在人体内遇上钙和锌便生成草酸钙和草酸锌，不易吸收而排出体外，如果多吃的话，会造成宝宝体内钙和锌的大量流失。

鸡蛋

鸡蛋若吃得过多，会增加体内胆固醇的含量，容易造成营养过剩，引起宝宝肥胖。

果冻

果冻是由增稠剂、香精、着色剂、甜味剂等配制而成，这些物质吃多或常吃会影响宝宝的生长发育和智力健康。

爆米花

爆米花含铅量很高，进入宝宝体内会损害宝宝的神经、消化系统和造血功能。

钙、磷同补，强筋壮骨

钙是构成骨骼和牙齿的重要成分，也是宝宝骨骼发育所必需的物质。幼儿身体中的矿物质约占体重的5%，钙约占体重的2%；钙大多分布在和牙齿中，约占总量的99%。

磷和钙一样，也是建造骨骼和牙齿的重要矿物质。磷约占人体重的1%，成人体内含有600～900克的磷，是人体含量较多的元素之一。人体内总磷量的85%～90%存在于骨骼和牙齿中。磷和钙结合形成磷酸钙，是构成骨骼和牙齿的重要成分，其中钙与磷的比值约为2：1。

专家指导

磷广泛存在于动、植物食品中，豆类、硬果类、蔬菜、水果中都含有磷；动物性食品如蛋、乳、肉、鱼和禽类中磷含量都比较高。

25～27个月宝宝的营养汤粥

苹果鱼汤

材料　苹果1个，鲢鱼块、猪瘦肉片各50克，姜片、盐、油各少许。

做法

1. 苹果洗净，去核，去皮，切小块。
2. 锅中放少许油烧热，放入姜片、鲢鱼块，小火煎至鱼块两面稍黄，加入猪瘦肉片，注入适量清水，用中火炖至汤稍白，加入苹果块，调入盐，再炖20分钟即可。

菠菜瘦肉粥

材料　大米50克，菠菜30克，猪里脊肉20克，葱丝、姜丝、盐各少许。

做法

1. 菠菜洗净，焯水，切末；猪里脊肉洗净，切成小丁。
2. 大米淘净，放入锅中，加适量清水，用大火煮开，改小火煮至米粒酥软，放入肉丁煮熟，下姜丝、葱丝、盐及菠菜末煮沸即可。

25～27个月宝宝的丰盛主食

胡萝卜番茄饭卷

材料 米饭50克，胡萝卜丁、番茄丁各20克，鸡蛋1个，葱头丁、面粉各适量，盐、油各少许。

做法

1. 将鸡蛋与面粉加适量温水和成面糊，放在平底锅摊成薄饼。
2. 将胡萝卜与葱头放进油锅里炒熟，加米饭、番茄与盐翻炒均匀。
3. 将混合好的米饭平摊在薄饼上，卷成卷儿，切段即可。

豆腐馅饼

材料 豆腐40克，面粉60克，白菜30克，肉末20克，海米6克，香油、葱末、姜末、盐、油各少许。

做法

1. 豆腐冲净，沥干水，捏散；白菜洗净，切碎，挤去水分；将豆腐、白菜与葱末、姜末、盐、肉末、海米和香油调制成馅。
2. 将面粉加适量温水揉成面团，揉好后分成10等份，然后每一个小面团擀成小汤碗大的皮子，两张面皮中间放一团馅；再用小汤碗一扣，去掉边沿，即成一个很圆的豆腐馅饼。
3. 将馅饼放入油锅中煎成两面金黄即可。

25~27个月宝宝的可口菜品

青椒猪肝

材料 猪肝50克，青椒20克，淀粉、料酒、生抽各适量，盐、白糖、油各少许。

做法

1. 猪肝收拾干净，切小薄片，用水煮2分钟，捞起沥干，加料酒、生抽、淀粉拌匀腌制一会儿；青椒洗净，去籽，切小块。

2. 炒锅放入少许油烧热，将青椒块、猪肝片一起下锅炒3分钟左右，加入盐、白糖翻炒数下即可。

番茄双花

材料 番茄1个，菜花、西蓝花各50克，番茄酱、葱花、油各适量。

做法

1. 将菜花、西蓝花用水浸泡20分钟，洗净，撕成小朵，放入开水中汆烫后捞出，过凉水后沥干；番茄洗净，去皮，切碎。

2. 锅中放少许油烧热，放入葱花炝锅，随后放入番茄酱炒片刻，加入少许清水烧开。

3. 将菜花、西蓝花、番茄放入锅中，翻炒，待汤汁收稠即可。

25～27个月宝宝 的美味甜点

水果慕斯

材料 苹果丁、猕猴桃丁、橘子肉各20克，燕麦片3大勺，原味酸奶100克，鲜牛奶少许。

做法

1. 将麦片磨成粉。

2. 将苹果、猕猴桃、橘肉与麦片粉放进酸奶中搅拌均匀，然后加鲜牛奶调至宝宝能接受的浓度即可。

橘子燕麦甜饼

材料 橘子1个，原味酸奶30克，燕麦片4大勺，鲜牛奶100克，面粉2大勺，白糖、油各少许。

做法

1. 橘子剥皮，去籽，取肉，压碎；将燕麦片、鲜牛奶、原味酸奶拌匀，放入白糖、面粉、橘肉调成面糊（如果太稠，可加少许温水）。

2. 平底锅烧热，用少许油把锅底涂匀，烧热后，放入面糊，煎至两面微黄即可。

给宝宝营造好的睡眠环境

房间内光线要适度，不可太亮，以免刺激宝宝的眼睛。宝宝喜欢睡在比较暗的环境中，光线要柔和点。

宝宝睡眠"以衣代被"不利健康。如果宝宝睡觉时多穿衣服，而这些衣服又是紧身衣，裹住了宝宝的身体，那么，这不仅妨碍了全身肌肉的松弛，而且还会影响宝宝的血液循环和呼吸功能，出现梦魇。

为婴幼儿选择适当的枕头。为宝宝科学地选择一款合适的枕头，对于宝宝顺畅呼吸、维持头部的血液循环以及协调神经，帮助头颈和脊柱的健康发育都有至关重要的作用；合适的枕头也能让宝宝睡得更舒适，有利于安眠。

哄宝宝入睡的方法

抱着宝宝哄他睡觉时，要尽量离宝宝睡觉的小床近一点。距离小床越远，宝宝在梦中醒来的机会就越大。

哄宝宝睡觉之前，应该先把床铺好。如果临时用一只手去整理床上的物品或铺床时，宝宝可能会感觉不舒服而醒来。宝宝的床最好不要靠墙，这样方便爸爸妈妈从两边都可以放宝宝躺进去。

要保持妈妈与宝宝的接触。如果突然离开妈妈的怀抱，宝宝很容易受到惊吓，然后就醒过来。这时，妈妈在放下宝宝的同时，轻轻地拍着宝宝的手臂或者脚，等宝宝睡稳之后，仍要将手留在宝宝身上待一会儿，也可以唱歌或是说一些有节奏的词语给宝宝听，也可以妈妈跟宝宝一起休息一会，有妈妈在身边，宝宝会感到很有安全感。

养成一个睡前仪式

很多宝宝每天晚上都要玩得很晚才入睡，或不肯入睡，折腾得大人也没有办法好好休息，该怎么办呢？这是一个习惯的问题，要养成自己按时入睡的习惯。

家长在宝宝晚上睡前的三四小时不要让宝宝睡觉，睡前也不要和宝宝玩得太疯，可以给宝宝洗洗澡，做做全身按摩，再给他吃奶，然后放在小床上跟他说："宝宝要自己睡觉了。"然后将灯光调暗。在宝宝的枕头边可以放上一个有妈妈气味的物品，养成一个睡前的仪式，每天坚持这样做，宝宝就会定时入睡了。

让宝宝自己入睡

当宝宝要入睡时，能够自己躺在小床上，或者在一个安静的环境下自己入睡。如果夜里没有饥饿或排便等现象出现，就应该在醒来时再安静入睡。不能一哭就抱，要不就养成了不好的习惯了，也培养不了良好的自我安慰的能力。

纠正宝宝睡眠时间

最好能够保证宝宝每天不少于12小时的睡眠时间。白天宝宝不好好睡觉，可将他睡觉的时间进行一下调整。比如早上7点起床，上午可带他出去玩玩，中午11点钟吃午饭，然后睡觉，保证2个小时的午睡时间，上午孩子玩累了，自然中午就睡得好。下午睡醒觉之后，可再带孩子出去玩一会儿，晚上睡觉时间保证9～10小时即可。白天尽量陪宝宝玩多一些，和他做游戏，如果宝宝有睡意，就让他自然入睡。

别让玩具陪宝宝睡

不少父母睡觉时让宝宝带着玩具睡，说是电影、电视里都这样。其实，这种做法不宜仿效和提倡。

1 睡觉时玩具置于身旁，宝宝玩着玩着，时间短则十几分钟，长则个把小时，甚至更长。这不利于培养宝宝按时入睡、自然入睡的好习惯。

2 布制玩具和长绒毛玩具，如布娃娃、长毛狗之类，容易脏，宝宝睡觉时置于身边不卫生；金属玩具、硬塑玩具，如枪、变形金刚等，棱角尖，质地硬，放在宝宝身边也不安全。

3 卧室即使开着灯，光线一般都比较暗。宝宝睡在床上，边玩边睡，眼与玩具的距离较近，通常不到20厘米，眼睛需要调节，眼肌容易疲劳，眼内压力增高，眼轴容易伸长，不利于保护宝宝视力。

防治小儿麻痹症

小儿麻痹症是由脊髓灰质炎病毒引起的急性传染病，临床常表现为弛缓性麻痹，严重的可危及生命。

给宝宝口服小儿麻痹灭毒活疫苗，即小儿麻痹糖丸，是预防小儿麻痹症最好的方法。服用这种疫苗安全、方便、免疫力强而且维持时间长，极少有不良反应。

平时还要注意宝宝的饮食卫生，日常生活中要培养宝宝饭前便后洗手、不吃不洁食物的良好习惯，平时应注意宝宝的衣物、床单、玩具、用品及餐具的消毒。

防治急性扁桃体炎

1 发病时应多休息，多喝水，排除细菌感染后在体内产生的毒素。

2 每日多次用淡盐水含漱，保持口腔清洁无异味。

3 在应用抗生素治疗时，观察宝宝体温、脉搏变化，如仍持续高热，可增大剂量，或在医生指导下更换药物。

4 宝宝体温过高时，应物理降温，用冰袋敷头颈部，也可用酒或低浓度酒精擦拭头颈、腋下、四肢，帮助散热，防止宝宝发生惊厥。

专家指导

搞好环境卫生，消灭苍蝇也是切断传染源的一个很重要的方面。合理安排宝宝的休息和营养，避免过度劳累和受凉，可以增强小儿对疾病的抵抗力。

⑤ 预防宝宝急性扁桃体炎应注意环境卫生，室内应光线充足，空气流通，保持适宜的温度和湿度。

预防化脓性中耳炎

宝宝化脓性中耳炎的发生率很高，因此预防中耳炎就显得格外重要了。

① 给宝宝喂奶时不能平卧，喂好奶后也不应立即平卧，以免奶汁逆流至鼻咽腔，再经由咽鼓管进入中耳。

② 当宝宝患有上呼吸道感染时，应注意保持鼻腔通畅，当鼻塞严重时，在医生的指导下偶尔可用0.5%～1%麻黄碱滴鼻。此外，还要注意上呼吸道感染时发生的反应性中耳炎，也会引起耳痛，使宝宝经常去抓耳朵。应当找耳鼻喉医生看看以免发生化脓性中耳炎。

③ 睡觉时，经常给宝宝变换体位，以免分泌物在鼻咽腔积聚。

④ 要学会正确地给宝宝擤鼻涕：堵住一侧鼻孔，将另一侧鼻腔内的分泌物擤出。

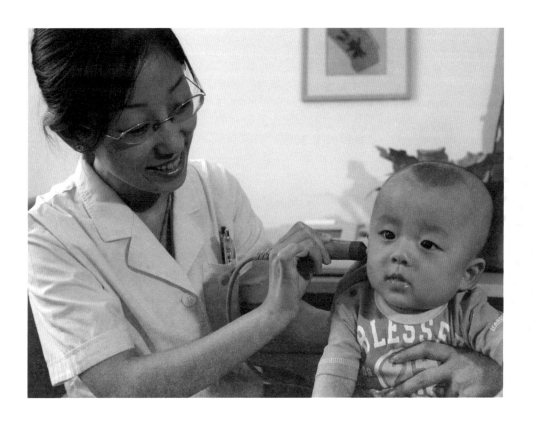

PART 10

28~30个月的宝宝

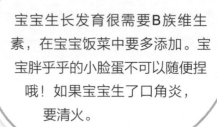

宝宝生长发育很需要B族维生素，在宝宝饭菜中要多添加。宝宝胖乎乎的小脸蛋不可以随便捏哦！如果宝宝生了口角炎，要清火。

宝宝的身体发育

这个时候的宝宝的囟门已经闭合。已经出齐20颗牙齿。宝宝喜欢到处蹦来蹦去，不仅会从高处往低处蹦，还会尝试从低处往高处蹦，要注意保护宝宝，小心磕坏牙齿。满30个月时，男宝宝体重平均13.64千克，身高平均93.3厘米；女宝宝体重平均13.05千克，身高平均92.1厘米。

宝宝吃零食有原则

1 时间要到位。零食最好安排在两餐之间，如上午10点左右，下午3点半左右。如果从吃晚饭到上床睡觉之间的时间相隔太长，这中间也可以再给一次。这样做不但不会影响宝宝正餐的食欲，也避免了宝宝忽饱忽饿。

2 不可让宝宝不断地吃零食。这个坏习惯不但会导致儿童肥胖，而且如果嘴里总是塞满食物，食物中的糖分会影响宝宝的牙齿，造成蛀牙。

3 不可无缘无故地给宝宝零食。有的家长在宝宝闹时就拿零食哄他，也爱拿零食逗宝宝开心或安慰受了委屈的宝宝。与其这样养成宝宝依赖零食的习惯，不如在宝宝不开心时抱抱他、摸摸他的头，在他感到烦闷时拿个玩具给他解解闷。

4 认认真真吃零食。注意不要让宝宝躺着或边玩边吃，以免噎着宝宝或食物掉得到处都是。好的餐桌礼仪和饮食习惯是需要从小培养的。

5 宝宝的零食以健康食品为主。

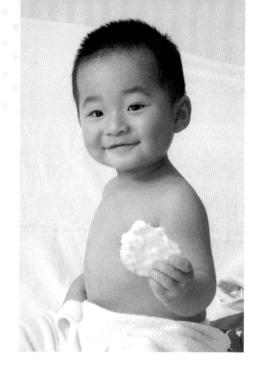

不要让宝宝过量吃西瓜

西瓜夏天吃能消暑解渴，是人们非常喜食的水果之一，特别是小孩百吃不厌。西瓜还可以防病治病，但若食用不当也会影响健康。

宝宝在短时间内吃较多西瓜，会造成胃液稀释，再加上宝宝消化功能没有发育完全，会出现严重的胃肠功能紊乱，引起呕吐、腹泻，以致脱水、酸中毒等症状。如果宝宝有腹泻，更不要喂吃他西瓜。

另外，宝宝吃西瓜时一定把西瓜籽弄净，以免发生便秘或瓜籽误入气管，发生危险。

B族维生素，为宝宝构筑健康体质

为了宝宝有一个好的体质，应注意让宝宝多摄入B族维生素。

维生素B₁

维生素B₁摄入不足时，表现为肌肉乏力、精神淡漠和食欲减退，还可能得脚气病。

宝宝不要长期只吃精米或淀粉。切碎的菜不要泡得太久，炒菜不要放盐，多喝菜汤。淘米不要时间太长。

维生素B₂

维生素B₂缺乏容易得口角炎、舌炎、口唇干裂、发红、疼痛。

宝宝要多吃奶类、蛋、肉、鱼、豆类，植物性食物如香菇、木耳、花生、芝麻、杏仁等也含有丰富维生素B₂。

维生素B₆

维生素B₆缺乏，宝宝经常哭闹且哭叫声尖，皮炎，腹泻。

宝宝不要偏食，应该什么都吃一些。牛奶或其他奶类不要煮得太久。吃维生素咀嚼片。

维生素B₁₂

维生素B₁₂缺乏，宝宝嘴唇、眼结膜，指甲发白，没精神，出现贫血的症状。

宝宝应多吃动物肝脏、奶、豆类食物。

28～30个月宝宝的营养汤粥

果仁玉米粥

材料　花生米、核桃仁、黑白芝麻各15克，玉米渣30克，白糖适量。

做法

1. 将花生米、核桃仁、芝麻洗净，晾干，炒熟，放入搅拌机打碎。
2. 锅中加适量清水煮开，放入玉米渣，一边用小火煮，一边用筷子搅拌。
3. 煮至开锅时，将打碎的花生米、核桃仁、黑白芝麻及白糖倒入锅中搅匀，至再次开锅，续煮2分钟即可。

莲藕苹果排骨汤

材料　苹果50克，排骨70克，莲藕20克，葱段、姜片、醋各少许。

做法

1. 苹果洗净，去皮，去籽，切小块；排骨洗净，放在沸水锅汆除血水，捞出，切小块；莲藕洗净，刮去外皮，切小块。
2. 将排骨、莲藕入锅，加适量清水，放入葱段、姜片及醋，大火煮沸后，转小火煮约30分钟。
3. 放入苹果，续煮约5分钟即可。

28~30个月宝宝的丰盛主食

红薯小窝头

材料 红薯80克，胡萝卜40克，玉米面20克，白糖适量。

做法

1. 将红薯、胡萝卜洗净后蒸熟，取出凉凉后剥皮，挤压成细泥。

2. 用热水和好玉米面；加入红薯和胡萝卜泥，再与白糖拌匀，切成小块，揉成小窝头；放进蒸笼，用大火蒸10分钟即可。

肉丁豌豆米饭

材料 大米50克，鲜嫩豌豆、猪肉丁各30克，盐、油各少许。

做法

1. 锅中放少许油烧热，下入猪肉丁翻炒几下，倒入洗净的豌豆煸炒1分钟，加入盐和适量清水，加盖煮开后，倒入淘洗好的大米，用锅铲沿锅边轻轻搅动。

2. 搅动的速度要随着水的减少而加快，火力也要适当减小，待米与水融合时把饭摊平，用竹筷在饭中扎几个孔，便于蒸汽上升，以防米饭夹生；盖上锅盖焖煮至锅中蒸汽急速外冒时，转小火继续焖15分钟即成。

28~30个月宝宝的可口菜品

鸡腿菇炒虾仁

材料　鸡腿菇、河虾仁各60克，盐、料酒、生姜末、淀粉、油各适量。

做法

1. 鸡腿菇洗净，切丁；河虾仁洗净，沥干水分后加少量淀粉拌匀。
2. 锅加少许油烧至七分热，放入虾仁煸炒，划散，盛起，沥油。
3. 将鸡腿菇倒入锅中，煸炒片刻，加生姜末、盐、料酒、虾仁，用淀粉勾芡即可。

西蓝花炒肉

材料　猪五花肉、西蓝花各60克，蒜、水淀粉、油各适量，盐少许。

做法

1. 猪五花肉洗净，入沸水锅中氽去血水，捞出切成薄片。
2. 西蓝花洗净，掰成小朵，放入沸水锅里焯一下捞出；蒜剥皮，切末。
3. 锅里放少许油烧热，下蒜末煸香，放入西蓝花、猪五花肉、盐快速翻炒，出锅时用淀粉勾芡即可。

28～30个月宝宝的美味甜点

菠萝果冻

材料　菠萝150克，吉利丁1片，冰糖25克。

做法

1. 菠萝去皮，洗净，切成小粒放入小盆中，放入冰糖和清水，入锅里煮熟；将吉利丁片放入碗中，用凉水泡软，放入煮好的菠萝中融化。

2. 待菠萝糖水不烫手时倒入自己喜欢的容器中，凉后放入冰箱冷藏2小时后即凝固成果冻。

酸奶水果银耳羹

材料　酸奶、猕猴桃各50克，银耳（干）、木瓜、苹果、梨各20克，冰糖适量。

做法

1. 银耳用温水泡开洗净后撕成小片；汤锅加适量清水，放入银耳熬成黏稠状后加入冰糖，凉凉备用。

2. 猕猴桃、木瓜、苹果、梨洗净，均削皮切成丁，放到凉凉的冰糖银耳羹中，最后拌入酸奶即可。

宝宝吃饭太慢怎么办

一般来说，宝宝的用餐时间在30分钟左右就可以了。如果吃饭太慢，爸爸妈妈可以考虑做好以下几点：

1 尽量保持进餐时轻松愉快的气氛，这是增进孩子食欲的基本条件。孩子拒绝进食，绝对不能强逼他，不妨让他走开，孩子是不会让自己每一顿都饿着的，只要坚决不给他吃零食，等他下一顿饭再回到餐桌边就会大吃一顿。

2 幼小的孩子需要父母的帮助指导，但不要给予过多的建议、提醒和催促，不要忙着给孩子喂饭和夹菜，不要令孩子知道饭桌上任性能引人注意。

3 不要期望孩子每一顿的食量一样，成人也会因心情不同而吃多吃少，应给予孩子一定的自由度。

4 不要拿着饭碗跟着迁就孩子，要让他们知道吃饭就必须到餐桌上，但切勿把气氛搞得严肃可怕。

5 进餐时要关注孩子的咀嚼能力，既有利于消化，同时咀嚼也是促进儿童智力发展的一个因素。

别随便捏宝宝脸蛋

大人不断捏、用力亲宝宝脸蛋，很可能会导致他们的腮腺和腮腺管一次又一次地受到撕、压、挤而导致受伤。另外，生活中，宝宝出现的种种"怪病"就与大人的"动手动嘴"关系密切，例如：流涎、口腔黏膜炎和腮腺炎等。

可见，父母应该把好宝宝的"脸蛋关"，千万能随意让人或自己经常亲、拧、捏他们的脸蛋。

宝宝进厨房要注意安全

厨房里的器具样样都危险，宝宝进厨房要注意安全。

1 告诉宝宝不可以去摸任何炉灶，把锅炉垫高放到宝宝手够不着的位置。微波炉、烤箱、洗碗机等小电器固定放在较高的位置，让宝宝无法爬上去摸到电器开关。烤箱、微波炉等用完一定要把开关关掉。

2 厨房地面上的水渍、油渍一定要及时擦干净，以免宝宝脚滑摔倒。厨房备料桌上也不要使用桌布，避免宝宝捉到桌布时桌子上的东西砸到宝宝身上。热的食物和饮料也不要放在宝宝能够够得着的地方，以防宝宝被烫伤。

3 把厨房的刀叉、各种厨具锁在橱柜或者抽屉里。厨房的玻璃器具也要放好，以防宝宝打碎割伤自己。

宝宝睡凉席要注意

1 竹席太凉了，不太适合宝宝使用，如果要使用，最好在上面铺一层棉布薄被单或毛巾。

2 草席质地较柔软，但容易生螨虫，其本身也是过敏源，也不适合宝宝使用。

3 亚麻、竹棉或麦秸等凉席，质地松软，吸水性能较好，易清洗，且凉爽程度适中，比较适合宝宝使用。

4 使用前应察看一下凉席表面是不是光滑无刺，如果有刺，应把席子表面用纱布包好，以防划伤宝宝的皮肤；纱布要经常换洗。

5 天气转凉后，要及时撤掉凉席，以免宝宝受凉。

专家指导

使用前一定要用开水擦洗凉席，然后放在阳光下暴晒，以防宝宝皮肤过敏。凉席被尿湿后必须及时清洗，保持干燥。

让宝宝远离家电辐射

不要把家用电器摆放得过于集中或经常一起使用，特别是电视、电脑、电冰箱不宜集中摆放在卧室里，以免使自己或宝宝暴露在超标准辐射的危险中。

尽量别让屏幕的背面朝着有人的地方，因为电脑辐射最强的是背面，其次为左右两侧，屏幕的正面反而辐射最弱。

当电器暂停使用时，最好不让它们长时间处于待机状态，因为此时可产生较微弱的电磁场，长时间也会产生辐射积累。

电脑、电视的屏幕表面存在着大量静电，其聚集的灰尘可转射到脸部和手部皮肤裸露处，时间久了，易发生斑疹、色素沉着，严重者甚至会引起皮肤病变等，因此在使用后应及时给宝宝洗脸洗手。

教宝宝用坐便盆

父母应该培养宝宝坐便盆的习惯。每天定时让宝宝坐在便盆上排便而久之就形成了习惯。

如果宝宝一坐盆就打挺，或吵着闹着不干，或过了5～7分钟也不肯排便，都不必太勉强，还可以垫上尿布。但每天必须坚持让宝宝坐便盆，

时间一长，经反复练习，宝宝一坐便盆，就可以排大小便。每次坐便盆时间不要太长，久坐便盆，宝宝会因此发生脱肛。

宝宝练习坐便盆时，必须由家长托着或扶着，因为宝宝坐在盆上不稳，易摔倒，易疲劳。

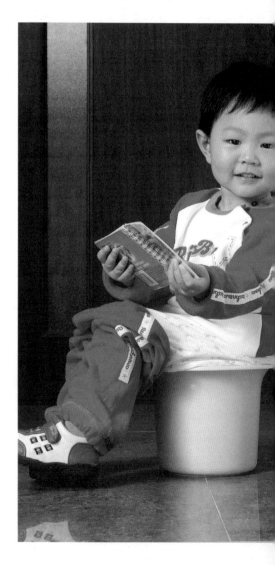

宝宝坐盆排便时，不能养成边排便边喂饭、吃零食和玩玩具的不良习惯。每次排便后，将便盆洗刷干净。

防治宝宝风疹

风疹是由风疹病毒引起的急性传染病。患儿体温一般较麻疹低，流鼻涕淌眼泪轻微。常在发热后的24小时内出疹，疹子在面部和颈部，可一日内遍及全身，第三天可以融合成片，极似麻疹，但其疹子比麻疹小。

风疹现无疫苗接种，尚未有特殊的治疗方法，一般以对症治疗为主，并要加强护理，让宝宝卧床休息，给予营养丰富的流质或半流质食物。风疹病儿在出疹5天后，就没有传染性了。

防治宝宝口角炎

冬春季节，不少宝宝口角出现"烂嘴丫"的现象：潮红、起疱，发生乳白色糜烂、裂口、结痂等，还伴有烧灼和痛感，口一张就容易出血，连吃饭、说话都不方便，这就是口角炎。

调节饮食，是预防孩子患口角炎最有效的方法：

1 在注意膳食平衡，荤素搭配的基础上，多给宝宝吃些富含核黄素的食物，如动物的内脏、禽蛋、乳制品、大豆、胡萝卜、绿叶蔬菜等。

2 注意合理的烹调方法，如淘米时，淘洗次数不要太多，不要用手揉搓米粒；蔬菜先洗后切，切后尽快急火快炒，不要再泡在水里；熬米粥、煮豆类时尽量不放盐等。

3 让宝宝养成良好的饮食习惯，不挑食，不偏食。

4 宝宝患了口角炎，往往控制不住用舌头去舔嘴角，甚至用手去抠，这可能引起糜烂面感染，加重病情，此时家长必须及时劝阻。

专家指导

对已发生口角炎的宝宝，在保持口腔清洁的基础上，给宝宝服用维生素B₂、维生素C或抗病毒的药物，并用温的淡盐开水清洗患处，然后涂以冰硼散、西瓜霜、珍珠层粉或1%碘甘油等，每天2～3次，一般3～5天可痊愈。

PART 11

31~33个月 的宝宝

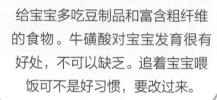

给宝宝多吃豆制品和富含粗纤维的食物。牛磺酸对宝宝发育很有好处，不可以缺乏。追着宝宝喂饭可不是好习惯，要改过来。

宝宝的身体发育

绝大多数宝宝前囟门闭合，只有少数宝宝，前囟门可能还有小指尖大小的面积，但摸起来已经没有柔软的感觉，基本上接近头骨的硬度。宝宝身体已经非常强壮，抵抗力也得到加强。满33个月时，男宝宝体重平均14.15千克，身高平均95.4厘米；女宝宝体重平均13.59千克，身高平均94.3厘米。

奶片不能代替牛奶

奶片作为零食风靡于小朋友之间，已经不是近几年的事情了。随着食品工艺的逐渐发展，靠谱的大品牌的奶片口味也从又甜又奶，逐渐过渡和进步到甜味不明显而奶味明显了。那吃奶片是不是能够代替喝牛奶呢？

通过观察奶片的配料表可以发现，奶片的最主要原料是全脂奶粉，但奶片的营养价值不能与奶粉等同，更不能与鲜奶、酸奶等同。这是因为奶片中不仅含有奶粉，生产时还会加

入脱盐乳清粉、葡萄糖浆、植物油、白砂糖、食用香精、食品添加剂、麦芽糖等其他的物质。尽管这些食品添加剂对健康没有负面影响，但这些添加剂的添加势必会减少奶粉的比例，蛋白质和钙的含量下降以后，奶片的营养价值就不能与奶粉相提并论了。如果将奶粉与鲜奶、酸奶进行对比，奶粉的营养价值也相对偏低。因此，从营养价值的角度来说，鲜奶、酸奶>奶粉>奶片。

酸奶不能代替牛奶

从营养价值来说，酸奶比鲜牛奶略高。但用酸奶替代鲜牛奶也会带来许多问题。

酸奶中乳酸含量高，虽能抑制和消灭很多病原体微生物，但同时也破坏了对人体有益菌的生长条件，影响正常消化功能，尤其对有肠胃炎的幼儿不利。

另外，宝宝正在生长发育，需要大量钙的补充，酸奶中含钙量较少，无法满足这方面的营养要求，长期用酸奶代替鲜牛奶很容易造成宝宝钙缺乏。

多吃粗纤维食物

爸爸妈妈都希望宝宝有一副整齐

洁白的牙齿。好的牙齿除了要补充足够的营养和充足的钙外，在宝宝长牙时，吃些粗纤维食物对牙齿也是非常有利的。

因为进食粗纤维食物时，必然要经过反复咀嚼才能吞咽下去，有利于牙齿的发育和牙病的预防。经常有规律地咀嚼适当硬度、弹性和纤维素含量高的食物，特别有利于牙齿和齿龈肌肉组织的健康。这样可使附着在牙齿表面和牙龈上的食物残渣，随咀嚼产生的唾液和口腔、舌部肌肉的摩擦得到清扫，同时使齿龈肌肉得到按摩，增进血液循环，增强肌肉组织的健康。如果幼儿时期缺少正确的咀嚼，是腭骨发育不良、牙齿生长排列不整齐的原因之一。

专家指导

多吃粗纤维食物在幼儿恒牙萌生之前尤为重要。到了换牙期，可以多给宝宝吃些像甘蔗等粗硬的食物，并教宝宝用两侧磨牙咀嚼。

给宝宝补充果汁

苹果汁

苹果汁含有丰富的碳水化合物、维生素和微量元素，能增强宝宝抵抗力。苹果酸能够增加宝宝胃液的分泌，促进消化。

梨汁

梨汁生津、润肺、清热、化痰，有助于维护宝宝呼吸系统健康。梨汁还含有钙、磷、铁、钾等矿物质及维生素C、维生素B_1、维生素B_2等多种维生素，有利于宝宝的成长发育。

苹果白葡萄汁

苹果白葡萄汁含有丰富维生素A、维生素C、维生素B_{12}等，促进宝宝身体健康，增强抵抗力。苹果和葡萄中的果酸能够增加宝宝胃液的分泌，促进消化。含有的钙、磷、铁等矿物质，有助于宝宝骨骼发育。

苹果胡萝卜汁

苹果胡萝卜汁富含有丰富的碳水化合物、维生素和微量元素，增强宝宝抵抗力。富含的胡萝卜素，有补肝明目的作用。丰富的维生素A，促进宝宝骨骼健康和身体成长。

专家指导

因为果汁容易把牛奶中蛋白质变成凝块状，极不利于牛奶的消化和吸收。所以果汁的饮用要注意与牛奶间隔一段时间，一般应在喝牛奶后1小时为宜。

多吃豆制品

豆制品是指用黄豆做原料，经加工制成的各种制品，其种类很多，如豆浆、豆腐、豆腐干等。黄豆营养丰富，含幼儿生长发育必需的优质蛋白、钙、磷、铁和维生素，其营养价值能与肉、蛋、鱼相媲美。

豆制品不仅营养丰富，易于消化，而且价廉，食用方便，是幼儿理想的辅食品。当母乳不足，牛奶又缺乏时，豆浆完全可以作为代乳品类，用以补充奶类的不足。

不要追着宝宝喂饭

我们经常会看见一些宝宝不愿意吃饭，爸爸妈妈就一直在后面追着给宝宝喂饭。殊不知这其实是个很危险的行为，容易导致宝宝呛食。

要培养良好的用餐习惯，最好的方法是让宝宝坐在专门的吃饭椅上，

以免宝宝乱跑。妈妈永远不要给孩子边走边吃的机会，任何人都不要追着喂宝宝吃饭。

可以在吃饭时告诉宝宝食物的作用，如"吃了饭和肉，会长大，有力气"等。不要哄骗或呵斥，也不要在吃饭时间让宝宝看电视。对宝宝好的行为要鼓励和表扬，对宝宝不良的极端行为，如摔碗、摔勺要及时制止。

足量牛磺酸，宝宝发育不迟缓

牛磺酸是婴幼儿生长发育必不可少的氨基酸。牛奶喂养的婴儿发育不如母乳喂养的婴儿，是因为牛奶中缺乏牛磺酸。而牛磺酸对婴幼儿的大脑发育、神经传导、视觉机能的完善、钙的吸收具有良好的作用，也是一种对婴幼儿生长发育至关重要的营养素。

牛磺酸几乎存在于所有的生物之中，含量最丰富的是贝类、鱼类，比如贝类中的牡蛎、海螺、蛤蜊等，鱼类食物中的青花鱼、竹荚鱼、沙丁鱼等。

在鱼类中，鱼背发黑的部位牛磺酸含量较多，是其他白色部分的5~10倍，所以，多摄取此类食物，可较多地获取牛磺酸。牛磺酸容易溶于水，所以进餐时同时饮用鱼贝类煮的汤是很重要的。

31～33个月宝宝的营养汤粥

土豆蘑菇鸡肉汤

材料　鸡肉150克，蘑菇、土豆各30克，葱段、姜片、盐各少许。

做法

1. 鸡肉洗净，切成小块，放入沸水锅中焯透；蘑菇洗净，切小块；土豆洗净，去皮，切小块。

2. 另取锅，加适量清水，将鸡块、葱段、姜片一起放入，大火烧开后转小火炖煮约30分钟；加入土豆、蘑菇续煮约10分钟，加盐调味即可。

油菜海鲜粥

材料　大米50克，鱼肉、小油菜各30克，虾仁10克，盐少许。

做法

1. 大米淘净，加适量清水，煮成稀粥。

2. 鱼肉洗净，去刺，切小丁；虾仁洗净，切小丁；小油菜洗净，切小段。

3. 锅中加适量清水，放入鱼肉、虾仁与小油菜煮熟后，加入稀粥拌匀，最后加盐调味即可。

31~33个月宝宝的丰盛主食

蟹黄小包子

材料 擀好的包子皮6张，猪肉泥80克，蟹黄、蟹肉共15克，盐、酱油、白糖、料酒、葱末、姜末、油各适量。

做法

1. 将蟹黄、蟹肉和葱末、姜末倒入油锅翻炒，下料酒、盐，炒至蟹黄出油。
2. 将猪肉泥与白糖、盐、酱油、适量清水、蟹黄拌匀成肉馅；包入包子皮中，捏成包子形，上笼蒸约30分钟即可。

胡萝卜虾仁炒面条

材料 面条50克，胡萝卜、扁豆各20克，虾仁3个，番茄酱、白糖、油各少许。

做法

1. 胡萝卜洗净，去皮，切碎；扁豆、虾仁洗净，切碎；面条煮熟。
2. 锅中放少许油烧热，将胡萝卜、扁豆、虾仁入锅煸炒入味。
3. 将面条放入锅中，与胡萝卜、扁豆、虾仁一起炒至快熟时，放入番茄酱和白糖，拌炒均匀即可。

31~33个月宝宝的可口菜品

什锦蛋丝

材料 鸡蛋2个，青椒、胡萝卜各30克，香菇1朵，盐、水淀粉、香油各少许。

做法

1. 将鸡蛋的蛋清与蛋黄分开，分别煎成薄饼，切成蛋黄丝与蛋白丝；香菇洗净，切丝；青椒洗净，去籽，切丝；胡萝卜洗净，去皮，切丝。

2. 锅中放少许油烧热，放入胡萝卜、香菇、青椒煸炒至熟，放入蛋白丝和蛋黄丝，加入盐翻炒均匀，水淀粉勾芡，淋入香油即可。

番茄鱼片

材料 草鱼肉100克，豌豆20克，洋葱、番茄酱各30克，白糖、盐、淀粉、油各少许。

做法

1. 草鱼肉洗净，去刺，切成厚片，加入淀粉上浆，放入开水锅中氽熟，备用；洋葱洗净，剥去外皮，切片；豌豆洗净。

2. 锅内放少许油烧热，放洋葱片煸香，倒入豌豆，加适量清水焖至八成熟。

3. 加入番茄酱、白糖、盐，下入鱼片，翻炒均匀即可。

31～33个月宝宝的爽口凉菜

凉拌莴笋丝

材料 莴笋60克，嫩姜10克，盐、香油、白糖、香醋各少许。

做法

1. 莴笋洗净，削皮，切丝，加盐腌渍2小时后，放入沸水锅中略焯，控干后加白糖、香醋腌渍。
2. 嫩姜洗净，刮去皮，切丝，加香醋腌渍30分钟后，与莴笋丝装盘后放在一起拌匀，淋上香油即成。

兔肉拌香菇丝

材料 熟兔肉50克，香菇3朵，葱白10克，生抽、白糖、香油、芝麻酱各适量。

做法

1. 熟兔肉切丝；葱白洗净，切丝；香菇洗净，焯熟，切丝。
2. 用生抽将芝麻酱调散，加香油、白糖调匀成味汁，与兔肉丝、香菇丝、葱白丝拌匀即可。

宝宝小床安全防范

现在的宝宝小床一般都装有护栏，如果没有，家长可自己在床边加装护栏，以避免宝宝不小心跌落。此外，提醒爸爸妈妈们，护栏的间隔距离必须小于10厘米，才不会出现宝宝头部被卡住的危险情况。

在床边的地板上铺上软垫，这样万一宝宝不小心掉下床，也不会直接撞在地板上。

移开床周边的杂物，尤其是尖锐物品。如果床附近有家具的棱角(如柜子或桌角)，应该在转角上加装软垫，或者用布将尖锐的角包裹起来。

宝宝坠床后的处理

1 蹲下身子，一只手托在宝宝的颈后，一只手托在臀下，将宝宝平放在床上，注意保护好宝宝的颈椎和头部。

2 如果宝宝能哭，说明问题不大。如果宝宝神志不清，喊他的名字没有任反应，或出现呕吐，说明有可能存在颅脑损伤，立即打120叫急救。

3 如果宝宝的胳膊、腿、手脚部位活动自如，说明这些部位没有骨折。如果宝宝某段肢体出现瘀、肿、变形，一动就哭，那就可能发生了骨折。这时，不要碰他的骨折部位，平托着他赶紧去医院。

4 如果有外伤，看是否需要进行包扎止血，随后去医院就诊。大多数情况宝宝坠床只会在皮肤上留下青紫痕迹，一般为皮下出血，单纯性的瘀斑3天左右即可自行消除。

宝宝遗尿怎么办

2岁以后，宝宝就已经有了控制大小便的能力，这种能力在白天的时候表现得比较强，晚上则会相对弱一些，所以宝宝就会出现尿床的现象。

1 如果宝宝尿床了，不要大惊小怪，就当没发生尿床事件一样。

2 晚餐应做得清淡一些，不要放太多盐，少吃高蛋白和汤粥之类食物。

3 睡前不要让宝宝喝太多水，也不要吃太多水果。

4 在上床之前，一定要督促宝宝去小便，不要憋尿睡觉。

专家指导

床不宜放在有高度落差的地板边缘，否则万一宝宝不小心摔下床，可能会继续滚落到较低的地板上，再一次受到伤害。

5 掌握宝宝夜间排尿的规律，在感觉宝宝有尿意的时候，轻轻叫醒宝宝去排尿。不过次数不能太多，一个晚上叫醒1～2次即可，否则会影响宝宝睡眠。

6 父母不要对宝宝尿床表现出过于忧虑和给予过多指责，更不能训斥惩罚宝宝，尊重宝宝的人格，培养宝宝的良好性格是纠正尿床的重要方法。

宝宝咽喉肿痛怎么办

中医认为，咽喉肿痛多半是肺胃郁火上冲或外感风热等因素造成的。如果宝宝的手脚是热的，就是内热大；如果宝宝的手脚是凉的，往往代表宝宝身体内有虚火。

内热大引起的发热、咽喉肿痛，给宝宝多喝水，可以在水中加少许的盐，让宝宝喝淡的盐开水；吃点寒凉的水果，如西瓜、香蕉、梨、猕猴桃等。

外感风寒引起的咽喉肿痛，用生姜3片、一寸长的葱3段、红糖半勺，加水煮10分钟，然后给宝宝喝，一天3次。给宝宝热水泡脚，泡20～30分钟后，搓脚心各50下，捏10个脚趾各20～30下。喝大量温开水，一小时1杯，让宝宝多排尿。

PART 12

34~36个月的宝宝

有些水果宝宝吃了不好，有些果核宝宝不小心吃了对身体也有害。巧克力对宝宝来说不是好东西，要少吃。宝宝怕理发怎么办？妈妈有招！

宝宝的身体发育

此时，宝宝正式步入3岁，体形已经变得顺长，手脚变得细长，身体看上去比以前苗条了，彻底告别了胖乎、大脑袋的小宝宝形象。宝宝的成长速度令人吃惊，满36个月时，男宝宝体重平均14.65千克，身高平均95.4厘米；女宝宝体重平均13.59千克，身高平均94.3厘米。

让宝宝多吃白萝卜

中医认为白萝卜有消食、化痰定喘、清热顺气、消肿散瘀之功能。大多数幼儿感冒时出现喉干咽痛、反复咳嗽、有痰难吐等上呼吸道感染症状。多吃点爽脆可口、鲜嫩的白萝卜，不仅开胃、助消化，还能滋养咽喉，化痰顺气，有效预防感冒。

另外，白萝卜有很高的营养价值，含有丰富的碳水化合物和多种维生素，其中维生素C的含量比梨高8~10倍。白萝卜不含草酸，不仅不会与食物中的钙结合，更有利于钙的吸收。近来有研究表明，白萝卜所含的纤维木质素有较强的抗癌作用，生吃效果更好。

幼儿怕辣，最好为他们选择色绿、水分多、辣味轻、甜味重的白萝卜。父母给宝宝吃时，白萝卜最好能竖着剖开，这样，白萝卜的头、腰、尾都均衡。俗话说："萝卜头辣，腚燥，腰正好。"这是因为白萝卜各部分所含的营养成分不尽相同所致。如果幼儿很怕辣，可以剥掉萝卜皮，将白萝卜切丝、切片蘸糖，或是做成蘸醋萝卜、萝卜骨头煲，让宝宝喜欢吃。

适当多给宝宝吃猪血

宝宝可以吃猪血，并应适当多吃些。

猪血是一种良好的动物蛋白资源。它的蛋白质含量比猪肉和鸡蛋都高。它含有18种人体所必需的氨基酸。

猪血是保健免疫佳品。猪血中的血浆蛋白被人的胃酸分解后，可产生一种能消毒和润肠的分解物。这种物质能与侵入人体内的粉尘和有害金属微粒起生化反应，最后从消化道排出体外。

对于宝宝来讲，猪血还是比较容易吸收和咀嚼的一种食品。

宝宝不宜喝纯净水、矿泉水

不少父母认为矿泉水、纯净水比自来水干净安全，更适合给宝宝喝。其实，纯净水失去了普通自来水的矿物质，而人体所需的微量元素很多必须从水中吸收，所以不宜长期用纯净水给宝宝充当饮用水。而矿泉水由于本身矿物质含量比较多，且复杂，宝宝肠胃消化功能还不健全，磷酸盐、磷酸钙过多，会引发消化不良和便秘，甚至影响宝宝的肝肾功能。

从医学角度讲，宝宝的饮水与成人并没有不同。饮用水的要求第一是卫生，没有病菌、寄生虫，没有亚硝酸盐等有害物质，这样就达到了饮用标准。因此，烧开的自来水最安全，平时给宝宝喝或冲奶粉用白开水就行了。

专家指导

猪血中还能分离出一种"创伤激素"的物质。这种物质可去除坏死和损伤的细胞，并能为受伤部位提供新的血管，从而使受伤组织逐渐痊愈。

34～36个月宝宝的营养汤粥

豆腐鲫鱼汤

材料　豆腐1小块，小鲫鱼1条，火腿10克，葱花、姜末、醋、盐、油各少许。

做法

1. 鲫鱼收拾干净，切块，用盐拌匀，腌制一会儿；豆腐冲净，切小块；火腿切丝。

2. 锅中放少许油烧至七成热，放入鲫鱼稍煎一下，放入火腿、姜末、醋、盐，加适量清水煮沸，加入豆腐，续煮约10分钟，待汤色乳白时，撒上葱花即可。

红豆薏米黑米粥

材料　黑糯米30克，薏米、红豆各10克，白糖少许。

做法

1. 黑糯米、薏米、红豆洗净，分别浸泡8小时至软。

2. 将黑米、红豆、薏仁和适量清水放入沙锅内，大火煮沸，转小火煮至熟透，加白糖搅匀即可。

34～36个月宝宝的丰盛主食

白萝卜牛肉饭

材料 米饭、牛肉各50克，白萝卜1/2根，姜片、生抽、盐、油各少许。

做法

1. 牛肉洗净，切碎；白萝卜洗净，去皮，切小块。
2. 锅中放少许油烧热，下姜片煸香，放入牛肉、白萝卜与生抽翻炒片刻，加少许清水及盐焖至肉熟萝卜烂；将米饭入锅拌匀即可。

肉馅饼

材料 猪肉末20克，鸡蛋1个，香菜末、葱末、盐、油各少许。

做法

1. 将猪肉末、葱末、盐调和成肉馅炒熟；鸡蛋打散。
2. 平底锅烧热，用少许油涂匀锅底，烧热，倒入鸡蛋液，摊成蛋饼。
3. 将肉馅放入蛋饼中，将蛋饼两边合起来，在饼上撒上香菜末即可。

34～36个月宝宝的可口菜品

肉末圆白菜

材料　猪里脊肉、圆白菜各30克，葱花、水淀粉、姜汁各适量，盐、油各少许。

做法

1. 猪里脊肉洗净，剁成末；圆白菜洗净，切成细丝。
2. 锅中放少许油烧热，放入肉末煸炒至变色，加入姜汁、葱花翻炒几下，下入圆白菜煸炒至变软，加少许盐调味，用水淀粉勾芡即可。

肉丁炒胡萝卜

材料　猪里脊肉、胡萝卜各60克，酱油、醋、姜片、白糖、淀粉各适量，盐少许。

做法

1. 猪里脊肉洗净，切成小丁；胡萝卜洗净，去皮，放入沸水中焯一下，也切成小丁；将盐、酱油、白糖、醋、淀粉加水调成汁备用。
2. 锅中加少许油加热，放入姜片煸香，下猪肉丁炒散，然后放入胡萝卜丁煸炒片刻，加入调味汁爆炒几下即可。

34～36个月宝宝的美味甜点

胡萝卜三明治

材料　面包3片，胡萝卜1根，橙汁（自榨）50毫升，麦芽糖浆3勺，柠檬汁2勺，盐少许。

做法

1. 胡萝卜洗净，去皮，切片，煮熟，加入橙汁碾成泥。
2. 将胡萝卜泥、麦芽浆、柠檬汁、盐放入锅中煮成胡萝卜酱。
3. 面包片撕去边皮，只取中间部分，均匀涂一层胡萝卜酱，再与另一面包片合上，切成宝宝一口大小即可。

苹果酪

材料　苹果100克，甜奶酪、面粉、白糖盐、橄榄油各适量。

做法

1. 苹果洗净，去皮，切成0.8厘米厚的片，入淡盐水浸泡5分钟。
2. 面粉中加入甜奶酪和白糖，加适量清水搅成稀糊状。
3. 锅中放少许橄榄油烧至温热，将苹果片裹上均匀的稀面糊，下锅两面煎黄，捞出后放进微波炉专用器皿中，入微波炉低火加热2分钟，使苹果里面熟透即可。

给宝宝添加点心有讲究

点心能为宝宝补充生长所需要的营养和能量，只要宝宝爱吃，就可以添加。但点心只是补充食品，不要当饭吃，以免扰乱宝宝的正常饮食。

1 要有节制、有选择地为宝宝提供点心，不要提供和正餐相同的食品。吃点心的时间应该在饭前2小时，这样宝宝才有好胃口吃正餐。

2 控制宝宝吃点心的量，合理搭配。吃点心会增加宝宝的体重，容易导致肥胖，但如果合理安排，宝宝是不会变胖的。

3 吃完点心后，要注意刷牙、漱口、清洁口腔，多喝白开水，这样可以避免蛀牙。

4 一些市场上销售的点心不适合宝宝吃，如月饼、果酱饼干、巧克力派等，这些点心过咸、过甜、过油腻等，尽量不要给宝宝吃。

宝宝要少吃巧克力

巧克力含有极高的热量，营养成分也不太适合宝宝成长发育的需要。

如果饭前过量食用巧克力会产生饱腹感，从而影响食欲，但饭后宝宝很快又会有饥饿感。巧克力中的脂肪多，但不含能刺激胃肠正常蠕动的纤

专家指导

有的家长为了发展宝宝的味觉，给宝宝尝尝巧克力的滋味，这是可以的，但要注意控制量，真正做到浅尝辄止。吃完巧克力后，要及时让宝宝喝口白水，以免蛀牙。

维素，因而会影响胃肠道的消化吸收功能。巧克力中含有使神经系统兴奋的物质，容易导致宝宝过度兴奋难入睡。多吃巧克力容易引发蛀牙，并使肠道气体增多而导致腹痛。

宝宝怕理发别担心

许多宝宝不愿意洗头，更害怕理发，怎么办呢？

1 让宝宝认识到头发和衣服一样，如果不经常清洗，就会变得很脏。同时，还要让宝宝懂得头发不光需要清洁，还需要修整。一个人有了好看的发型会显得很好看。

2 可以经常带宝宝去理发店参观，看人们在理发师的手中变得漂亮了，相信宝宝也会喜欢剪头发的。对于实在不愿意剪头发的宝宝，要注意分析宝宝不喜欢剪头发的原因，之后再有针对性地解决。

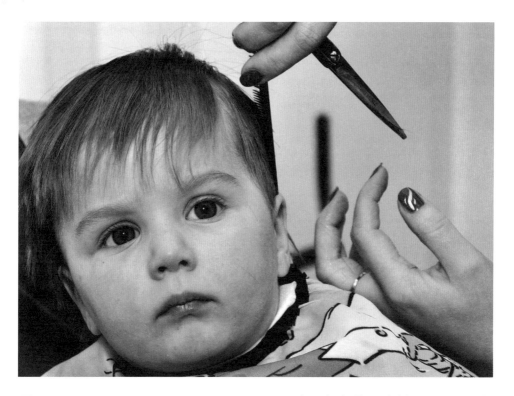

3 理发时要选择宝宝较为安静的时候进行，以免因宝宝好动带给宝宝不必要的伤害。同时要注意动作轻柔、力度适当，以免伤害宝宝的头皮，使宝宝对理发产生畏惧。

当宝宝体会到洗发、理发并不痛苦、可怕时，就会主动配合洗剪头发了。

宝宝流口水要注意护理

1 勤擦拭。对经常流口水的宝宝，应当随时为他擦去嘴边的口水。擦时不可用力，轻轻将口水拭干即可，以免损伤局部皮肤。

2 常清洁。常用温水清洗口水流到的地方，并涂上护肤品，以保护下巴和颈部的皮肤。如果已经造成湿疹等过敏反应，新妈妈要先带着宝宝让医生诊断，视个别症状开方适合的类固醇药膏。

3 勤换洗。口水宝宝经常会把口水流到上衣、枕头、被褥等处，新妈妈要勤洗勤晒，以免滋生细菌，影响宝宝健康。

给宝宝扑爽身粉要注意

天气炎热，宝宝出汗很多，父母常会为宝宝扑爽身粉。爽身粉中含有滑石粉，宝宝少量吸入尚可由气管的自卫机制排除，如吸入过多，滑石粉会将气管表层的分泌物吸干，破坏气管纤毛的功能，导致气管阻塞，而且一旦问题发生，目前尚无对症治疗的方法，只能使用类固醇药物来减轻症状。所以给宝宝使用爽身粉时应特别注意以下几点：

1 使用时先在远离宝宝的地方将粉倒在手上，然后再小心地涂抹在宝宝身上，不要使爽身粉满天飞。

2 使用后盖紧盒盖并妥善收好，不要让宝宝当成玩具。

3 避免在较大孩子面前帮宝宝扑爽身粉，以免他们模仿。

宝宝睡着后打鼾怎么办

有的宝宝扁桃体过于肥大，以致两侧扁桃体几乎相碰，堵满咽腔，造成呼吸不畅，一到睡觉时就会张口呼吸，发出呼噜声。对此，要增强宝宝体质，提高免疫力，预防扁桃体炎的发生。

支气管受到炎症刺激时痰液增加，而婴幼儿缺乏咳嗽排痰能力，痰液难以排出，形成气道的相对狭窄，气流通过时就产生振动，发出呼噜声。对此，应及时治疗支气管炎症，并注意防范其复发。

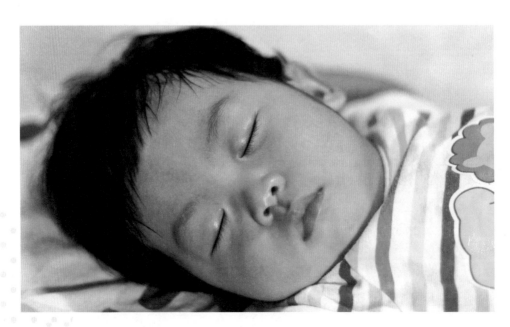

有时候宝宝打鼾可能仅仅是睡姿不好的缘故。试试让宝宝将头侧着睡，这样可以使舌头不致过度后垂而阻挡呼吸通道，也许打呼噜的问题就解决了。另外，有时候宝宝偶尔打呼噜，可能是由于白天太疲劳，或者是生病感冒，不用大惊小怪。

宝宝得了腮腺炎怎么办

腮腺炎是一种由病毒引起的急性传染病。常表现为体温中度增高、头痛、肌肉酸痛等，腮腺肿大常是本病的首发体征，可持续7～10天。一旦发现宝宝患了流行性腮腺炎，除立即就医外，还应注意以下几个方面：

1 立即与其他人隔离，居室要定时通风换气，保持空气流通。

2 宝宝卧床休息，不可过于劳累。

3 不要给宝宝吃酸、辣、甜味及干硬食品，要吃易咀嚼、易消化的流质和半流质食物，以减轻孩子的吞咽难度。

4 多喝开水，以利于身体内毒素的排出。

宝宝流鼻血怎么办

宝宝流鼻血了，家长要镇静，要安慰宝宝，不要在宝宝面前表现得惊

专家指导

宝宝患了腮腺炎，让宝宝经常用温盐水漱口。宝宝衣服、被褥等物品在生病期间可拿到室外暴晒，脸盆、毛巾、手绢等物，每天需用开水烫1～2次。热敷减轻宝宝患处的疼痛。

慌失措，使宝宝害怕，哭闹不安，加重出血。采取一些简便易行的方法，尽快将鼻出血止住。

1 指压法。首先让孩子坐下，稍向前倾斜。一定要让孩子用口呼吸并捏紧鼻翼，使两个鼻孔封闭10分钟，要连续捏住压迫足足10分钟。一般可以止住轻度鼻出血。

2 填塞法。用无菌棉球蘸上云南白药，塞进鼻孔，或用止血海绵填塞。此时需注意观察咽部，若咽部有血向下流，说明鼻出血没有止住。

3 扎指法。用绳紧扎中指的中节，左鼻出血扎右手，右鼻出血扎左手，两鼻出血则两手同时扎。

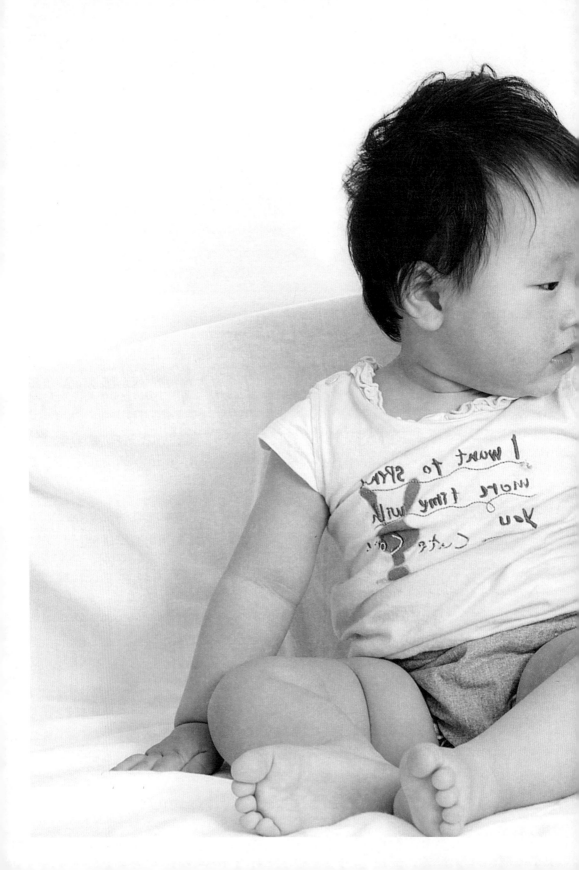

中篇

教养

高尔基说过"爱孩子是母鸡都会做的事",做成功的父母核心在于对孩子的教育。宝宝一降临人世,就受到父母深刻的影响。父母的性格、人品、对宝宝的教育方式,这一切都深深地在宝宝人格发展的道路上留下印记,甚至影响宝宝一生的发展轨迹。种瓜得瓜、种豆得豆,带着你望子成龙的梦想,从这里出发吧!

PART 1

宝宝的气质与教养

每一个宝宝都有与生俱来的气质，不同气质的宝宝性格也不同。根据宝宝的不同气质，应采用不同的教养方法因材施教。

婴幼儿气质

宝宝中有些温顺平静，睡与醒、饥与饱有一定规律；也有一些宝宝烦躁不安、哭闹不止，手脚乱动，睡与醒、饥与饱缺乏规律性。这种出生后最早表现出来的一种较为明显而稳定的个性特征称为气质。

每个人的气质从出生时就有差别，而宝宝的气质特点较成年人更加明显，掩蔽性小，易被观察。了解宝宝的气质特点，就可以根据宝宝的特点，扬长避短地培养他，更好地塑造宝宝的个性和性格。

遗传因素影响宝宝气质

遗传因素就是指从自己父母的遗传基因中获得的生物特征。它是心理发展的自然条件和必要的物质前提。它在心理发展上的作用是：一方面，通过素质影响能力和智力的发展；另一方面，它通过气质类型的因素影响儿童的情绪和性格的发展。

宝宝出生时，就通过遗传从父母那里继承下来了神经系统的特征，特别是大脑的结构和机能的特点，以及每个人特有的高级神经系统类型的特点。在产房里就可以观察到，如有的婴儿安静些，容易入睡；有的婴儿脚乱动，大声啼哭，等等。

据心理学家研究，遗传因素在感知觉和气质方面有较大的影响。而在个性品质、道德方面，遗传素质影响

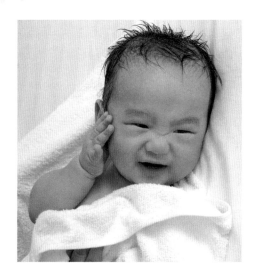

就比较小。从年龄阶段来说，一般年龄越小，遗传因素的影响相对比较大，年龄越大，它们的影响就越小。

孕妇情绪影响宝宝气质

准妈妈们在孕期的情绪会对宝宝的未来气质有很大影响。调查结果表明：在孕期接受心理干预的母亲，其宝宝气质为易养类的比例为87.9%，高出未接受孕期心理干预组宝宝6个百分点。

因为不良的情绪会让孕妇体内的激素非正常分泌，从而把"坏心情"遗传给宝宝。相反，宁静愉快的情绪则可以帮助维持内分泌的平衡和稳定，帮助准妈妈将"好心情"传递给胎宝宝。

准妈妈尽力创造恬静的孕期心境，同时多欣赏艺术作品，陶冶情操，减轻心理压力，转移不良情绪，这些对宝宝的成长都有很大的好处。

早期教育影响婴幼儿气质

很多研究都表明，气质具有稳定性、持续性和连续性。但是受环境因素的影响可发生某些改变。

早期教育可促进婴幼儿气质良好的发展。父母对宝宝的教育方式直接影响宝宝气质的发展趋势。在宝宝幼小的时候，家庭几乎是宝宝发展的全部环境。

早教宝宝的气质维度突出表现为节律性、适应性、反应强度、持久性增强，表明对外界刺激的敏感性降低，适应环境的能力更强，做事更有规律性，注意力也较集中，更愿意接受新事物。

专家指导

在社区开展有特色的早期教育，通过一些亲子互动活动、感知觉、运动、语言的培养，并且把游戏融于早教之中，通过营造良好的环境、亲子互动，使婴幼儿与周围人和环境有更多更规律的接触，有利于婴幼儿气质向积极的方向发展。

影响宝宝气质的4个纬度

影响宝宝气质的维度主要有4个，下面对它们分别作简单介绍。

避免伤害纬度

避免伤害纬度偏高的宝宝面对陌生人或陌生环境时，容易产生畏惧心理，主要表现为退缩和回避。这类宝宝从小就认生，与一般的同龄宝宝相比显得胆小怯懦。从婴儿时期开始，他们就能辨别出陌生食品的味道，因此喂他们没有吃过的母乳替代品，他们会马上吐出来。作为宝宝的父母，在内心深处为此可能会多少感到一些担忧。

相反，避免伤害纬度偏低的宝宝面对陌生人或陌生环境时不会产生畏惧感。这类宝宝一般都被认为胆大和勇敢，但由于他们不认生，父母有时也可能会为他们的安全问题感到苦恼。

寻求新奇刺激纬度

寻求新奇刺激纬度偏高的宝宝活泼好动，喜欢吵闹。这类宝宝从胎儿

时期就不安分，经常在妈妈的肚子里乱踢，出生后由于性格急躁，学走路都比同龄的宝宝要快，走路还走不稳就又想跑。到了2~3周岁，每次坐进婴儿车时，他们都拒绝系安全带，父母为此伤透脑筋。

而寻求新奇刺激纬度偏低的宝宝则性格文静，可以长时间静坐。这类宝宝容许父母将自己放到幼儿专用椅上或婴儿车里，父母帮他们穿衣或脱衣时也会很配合。他们喜欢猜谜、搭积木等需要细致观察、认真思考的游戏，而不喜欢活动量大的游戏。

依赖奖励纬度

依赖奖励纬度偏高的宝宝对他人的反应非常敏感，他们很重视他人对自己的认可度和要求。这类宝宝心地善良、感情细腻、有依赖情结。家里有这样的宝宝，父母一方面会因为宝宝能够体谅家长的心情、很听父母的话而感到满足，另一方面又担心自己的宝宝会被其他宝宝欺负。一般来讲，这类宝宝善于发现并适应日常生活中的细微变化，也不会轻易表现出抵触情绪。

相反，依赖奖励纬度偏低的宝宝对别人态度很冷淡，对周边事物反应也有些迟钝，行动莽撞。相对他人对自己的认可和要求，这类宝宝更看重自己的想法、诉求或意愿。他们注重实用性，自己需要什么就做什么，其他的一概不管。

坚持性纬度

坚持性纬度偏高的宝宝即使遇到困难也会坚持做完自己想做的事情。这类宝宝很勤奋，有耐心，即使事情进展不顺利也会不厌其烦地继续努力，不会因为难度大之类的原因就半途而废。

坚持性纬度偏低的宝宝遇到小困难就会泄气，轻易选择放弃。这类宝宝对玩具的态度是喜新厌旧，穿衣服时稍有不称心就会耍小脾气，毫不犹豫地请父母帮自己穿。他们往往喜欢悠闲地看动画片，而不喜欢有难度又费力的积木一类的游戏。

专家指导

依赖奖励纬度偏低的宝宝容易心烦气躁，对周边环境的细微变化也很难适应。这类宝宝有时看上去很独立，但更多的时候则会表现得很骄纵，常会顶撞、反抗父母。

判断宝宝气质的5项原则

了解了什么是婴幼儿的气质后，我们不妨明确一下，判断宝宝的气质，父母必须要知道下面的5项原则。

每个宝宝的气质是天生的

每个宝宝都具有与众不同的一面，但宝宝的行为或反应模式在一定程度上具有一贯性，在相同或相似的情境下，父母可以通过宝宝以往的表现预测其可能出现的行为或反应模式。有的宝宝很喜欢和爸爸玩"开飞机"游戏，而有的宝宝还没开始玩就会吓得大声尖叫，强烈抗拒。由此可见，不同的宝宝对同一事物可能会有完全不同的反应，而这是由每个宝宝固有的生物学因素决定的。

气质影响行为和情绪

如果说智力是宝宝认知能力的反映，气质则与宝宝的行为、情绪有着密切的关联。平时多注意观察宝宝的行为方式和情绪反应，能帮助我们掌握宝宝所独有的气质。当然，宝宝的行为并不总是一致的，即便是平常爱和妈妈唱反调的宝宝，心情愉快时偶

尔也会变得很听话。长期与宝宝共处而且思虑周全的父母,可以大致预测到宝宝在通常情况下会有什么反应,表现出什么样的情绪。这种可预测的、一贯的行为模式是判断宝宝气质最重要的标准。

气质也会影响人们对人、对事以及对世界的认知。气质不同的人,即便是面对同样的事情,他们的感觉、看法或行为反应也会有所差异。

气质在压力下更明显

常言道:患难见真情。我们也可以认为:一个人在面对困难时的态度和反应模式能够体现出他的性格本质。同理,宝宝的气质在宝宝遭遇到变化或是在精神承受压力的时候,往往会表现得更为明显。

气质具有一定的稳定性

第四个原则至关重要,因为这一原则忠告父母们"试图改变宝宝气质的努力是徒劳的"。宝宝的气质与生俱来,有些甚至是遗传的,想要改变它非常难——当然也并不是说这种改变完全不可能。对于什么样的气质可以改变,以及改变空间有多大的问题,本书在后续章节中会有论述。但是在这里我们必须认清一点,就是如果父母试图改变宝宝的气质,结果往往只会让宝宝和父母都感到失望,而且宝宝的发展方向很有可能与父母期望的方向南辕北辙。

根据气质养宝宝

父母和周围生活环境对宝宝的期望或要求、为宝宝提供的机会等因素恰好与宝宝的气质达到了"良好契合"的状态。当宝宝的气质与父母的期望和谐一致、达到"良好契合"时,宝宝的发展前景往往是令人乐观的;相反,当宝宝的气质与父母的期望相背离时,在宝宝成长过程中则会出现各种矛盾冲突和问题行为。

专家指导

忽视气质的教育会导致宝宝叛逆和自律能力弱,最终父母和孩子只会尝到教育失败的苦果。但是,根据气质养宝宝并不是纵容宝宝,不是允许宝宝不顺从和不礼貌。

宝宝的3种气质类型

根据婴儿气质的各个方面的表现，将婴儿气质划分以下3种类型：

容易型

易养型的宝宝占绝大多数，比率约为40%。

这类婴儿典型表现：在睡眠、饮食、大小便等方面很容易形成规律。活泼、可爱，大多数时间情绪积极愉快。容易和别人接近和相处，对人热情、友好。爱说爱笑，随和、活跃，交往能力强。对新刺激反应敏捷，能较快接受和适应新环境。宝宝往往对父母及照顾者的哺育有着积极的反应，容易得到父母的关爱。

他会因为饥饿、口渴或大小便而哭泣，满足后很快停止哭泣；也会存在不明状况的哭闹，但哄一会儿就好。

他会喜欢吮手指，无论爸妈在不在他的身边，都是一样。但如果把他的手指拿出来，他也不会太生气。

当爸妈暂时没有时间近距离陪伴他的时候，他通常可以自己玩一会儿，而且玩得挺开心。

他爱笑，可能在1、2个月大小的时候就已经学会笑了，常常被你逗得大笑；有时，他也会因为想到了好玩

的东西而自己乐呵。

他胆子不小，不会因为遇到陌生人与陌生环境而大哭大闹，但遇到奇怪的声音或图像也会哭红鼻子，这时只要你抱一抱、哄一哄很快又没事了。

有这种宝宝，会感觉育儿是一件快乐的事情。小时候护理起来很容易，长大了送去托儿所、幼儿园，也不会觉得很费劲。

困难型

这一类的宝宝人数较少，他们时常表现为大声哭闹、烦躁不安或爱发脾气。在饮食、睡眠方面也缺乏规律性，常常情绪不佳。养育这类宝宝需要父母付出极大的耐心和宽容。

他经常在不明状况的条件下哭闹，而且哄了好久也不管用。他不喜欢吮手指，或吮手指时过于专注，当被打断时，他会大哭大闹。非常需要陪伴，并且需要你寸步不离地陪着他。

他不爱笑，笑的时候也非常腼腆。他胆子很小，总会因为一些不值得害怕的事情而感到恐惧。

困难型宝宝养护起来比较困难，他们的生活没有规律，情绪比较消极，他们很难对环境和父母感到满意，往往使父母感到束手无策。

迟缓型

这类宝宝的活动水平低，情绪总是不太愉快，不像困难型的宝宝那样总是大声哭闹，而是表现出安静、退缩的样子，往往逃避新刺激、新的事物，对外界环境及生活变化适应较慢。

这类宝宝的典型行为特征出现得较晚，易被父母忽视。在婴儿早期，他们可能仅仅是对洗澡、新的食物表现出不感兴趣或不配合，他们的逃避行为也只是以一种安静的方式出现。时间一长，也许有的父母会因为宝宝过于"胆怯"和"无能"而强迫宝宝去适应新的环境，这样做反而会增强宝宝的逃避反应，压力越大，宝宝的反应越强烈，亲子关系会紧张。

专家指导

也有一些父母会为自己的宝宝"胆怯"和"逃避"而担心，采取过度保护的办法，不让他去适应或接近新环境、新刺激，这样做也会使宝宝的各种能力的发展受限制，影响宝宝心理的正常发展。

根据气质养育宝宝

婴儿气质是相对稳定的先天特性，同时也有一定程度上的可变性，往往受到环境的影响而发生改变，主要受父母的抚育方式、所提供的物质条件、父母的关心、责任感及教养方式的影响。

容易型

这类宝宝往往对各种教养方式都较适应，容易与父母建立和谐、稳定的亲子关系，父母也常常在育儿过程中得到极大的满足感。对于这类宝宝，父母就要一如既往地给予关爱、重视，使宝宝的情绪和行为更加积极、愉快。

易养型宝宝真让人省心，但有时也会遇到一些麻烦。出现以下几种情况，需要注意。

1 要是宝宝生活一向有规律，在生病或周围环境突然变化时，可能会很难一下子调整过来。所以，如果打算带他去旅游，或到亲戚家去小住几天，都要提前做好准备。

2 情绪总是愉快的宝宝，有时会忽视困境。比如碰伤了也不哭，常常被大

人忽视；衣服湿了也不闹，很容易感冒。所以，要告诉宝宝，有什么不舒服的，遇到什么情况，要和妈妈说。

3 自来熟的宝宝很招人喜欢，但要是对陌生人缺乏警惕性，别人一哄就跟着走，那就危险了。要教他明辨是非，不要轻易上当。

4 宝宝要是很乖，不哭不闹，在一个集体中有时会被忽视。所以，对宝宝要细心些，一旦宝宝出现反常情绪，要敏感地观察到，并及时处理。

困难型

这类宝宝似乎一开始就会给毫无育儿经验的父母出些难题，初为父母，往往要以极大的耐心来处理一连串棘手的难题，比如适应宝宝没有规律的生活状态，掌握一定的技巧来应对易烦躁和爱哭闹的小宝宝等等。

宝宝再大一些，父母也许会在管教宝宝方面遇到难题。必须注意的是，在教育宝宝时父母的观点要保持一致，不要经常斥责、惩罚宝宝，因为这样做的结果是，宝宝会表现得更加烦躁、易怒，从而变得更加"困难"。

对于这类宝宝，父母要考虑到婴儿的气质特点，积极地适应他，耐心地说服他，理性地克制自己的情绪，

才能和宝宝建立起和谐的、亲密的亲子关系，使宝宝逐步适应社会。父母之爱，能使宝宝产生安全感，有安全感的宝宝，情绪才能逐渐趋于平和和稳定，而不易烦躁。

迟缓型

考虑到这类宝宝适应环境的能力、速度与特点，父母要有一份特别的耐心，如果给宝宝施加压力，宝宝会选择逃避。

要创造机会让宝宝多尝试去适应新环境与新刺激。积极的暗示和鼓励是宝宝的原动力。这类宝宝一开始就需要一个没有压力的自由的空间，年轻父母应努力创设这样一个空间，使宝宝能在新的环境中渐渐地活跃起来。

专家指导

婴儿的气质会在一定程度上影响亲子关系，但父母对宝宝给予的爱、精心护理和敏感反应，能帮助宝宝更好地适应外部环境，也能改变、纠正他们不良的特性。

PART 2

培养宝宝的情商

宝宝的聪明不只是智商，情商也很重要。宝宝高情商培养要从小抓起。情商高的宝宝乐观、积极，正视挫折，善于沟通与协作。

自我认知

自我认知也叫自我意识，或叫自我，是个体对自己存在的觉察，包括对自己的行为和心理状态和认知。

初生的婴儿意识是混沌的，基本没有自我意识。婴儿的自我意识的认识过程，是一个由模糊逐渐走向清晰的过程。对自我认识是否清晰很大程度上取决于外界事物对宝宝的不同刺激：积极的环境和状态下，宝宝能较快地伶俐活泼起来；反之，宝宝却长久处于混沌蒙昧状态。

7~9个月的宝宝处在自我意识的萌芽期，父母要给宝宝以良好的刺激和引导，帮助宝宝建立更完善的自我意识。让处于混沌状态中的宝宝尽快启蒙，就要想办法从视觉、听觉、触觉诸方面对宝宝进行适当且丰富的刺激良性刺激。

1 视觉的冲击效果很好。要想办法以形象生动的事物来引起宝宝的注意，让他因感兴趣而喜欢看，因喜欢看而多看，并慢慢地让宝宝意识到那么有趣的东西是他自己看见的，以此加强自我意识。

2 给宝宝良好的听觉刺激也很重要。多对他说话，为了引起其注意最好配合夸张的动作和表情，也可以用各种好听的声音或优美的音乐来吸引宝宝。对声音感兴趣了，宝宝就会逐渐意识到"感受到这些美妙声音的正是我自己"。

③ 动动小手和小脚。运动的同时也是宝宝在感知，不同的方式，不同的动作，或触摸或抓握，都会增强自我意识。

自我激励

幼儿进行自我激励，可以提高自我认可度，激发内在动力，增强自信心。

那么，该如何教育幼儿进行自我激励呢？

1 自我形象激励。教育宝宝正视、接受、默认自己的缺点，发现、欣赏、满意自己的优点。比如：可以照镜子观察自己的形象，认可自己的形象，欣赏自己的形象，常说："我有一双明亮的眼睛""我有一个聪明的额头"等，不因为有缺陷而自卑，要因为有优点而善待自己，充满自信。

2 人际关爱激励。美国著名的心理学家马斯洛认为，人有五种基本的需要：生理的需要、安全的需要、爱与归属的需要、自尊的需要、自我实现的需要。可见，人的五种基本需要都离不开人际关爱。不妨教幼儿进行自我激励："我爱爸爸妈妈"、"我爱自己"，这样一来，幼儿会感到自己会爱，拥有爱，内心充满阳光，树立自信。

3 自我能力激励。幼儿喜欢依恋父母，如果不加以正确引导，会对父母产生依赖心理。3岁以后的幼儿独立性增长，自主性增强，不喜欢被支配。可以教宝宝进行自我能力激励："我能行""我真棒""我有能力做好每一件事情"。

只要教宝宝进行自我形象激励、人际关爱激励与自我能力激励，就一定能培养出阳光灿烂、自信开朗的宝宝。

专家指导

给宝宝定一个目标，从简单易达的目标做起，要求宝宝努力去做，在规定的时间内达到目标，可强化宝宝自我激励。

情绪调控

宝宝的情绪调控是指宝宝能够表述自己的感受，想办法控制自己的情感，并从他人那里获得对于他恰当行为的口头认可。对宝宝而言，这个自我调控需要在家长的不断引导下才能逐渐做到。

在宝宝还不会言语的时候，妈妈多会采取一些拥抱、爱抚和简单的言语等方式来给以安慰。后来，随着宝宝日渐能说会道，"说给父母听"便成了宝宝最常用的情绪调节法。每到这个时候，宝宝便将自己的消极情绪通过磕磕巴巴的话诉说给爸爸或妈妈听，而极具耐心的父母们，接下来要做的事情便是为宝宝分析具体情景，解释对他自己的危害，以及告诉他如何采取简单的应对措施等。在这一过程中，宝宝在消极情绪得到缓解的同时，也学到了简单的情绪调节策略。

专家们发现，如果家长总能给予宝宝类似的积极指导，这样的宝宝在挫折事件中就会应用更多的分心策略以及妈妈曾经教过的策略。你也许会注意到宝宝很积极地要去拿他的玩具来分散自己的注意力，这是2岁左右的宝宝用来调节不佳情绪的一个普遍而又有效的对策。当他长到3岁大的时候，会使用的调节情绪法就更多了。

专家指导

宝宝遇到负面情绪，家长要及时调节。如果等到宝宝变得极端恼火时才介入，就会使他产生快速而强烈的沮丧感，很难平息心理伤痛。以后当他遇到挫折时，只会发怒或伤心，不知道如何调节这一不良情绪。

怎么让宝宝学习调节那受困的情绪呢？

1 心思要敏锐。小宝宝的心思极为敏感，爸妈要比他更敏感更细腻，能够通过蛛丝马迹看出宝宝的情绪有了变化，并能及时排解宝宝一度低落的消极情绪。而对于那些已经可以用语言来表达自己的情感的宝宝来说，就要细心品味他的"话中话"。

2 增加与宝宝身体接触的机会。身体的亲密接触是一种无声的安慰，即使是一个简单的拥抱都能够帮助宝宝及时排解消极情绪，恢复正常情绪状态。

3 多与宝宝"私聊"。多和宝宝交流与情绪有关的问题，启发、诱导他将自己的情绪表达出来。比如，当宝宝大哭时，可以轻抚他的背，温柔地说："我知道，你现在一定很伤心，想和我说说吗？"这样，宝宝的消极情绪可以在交谈过程中通过向父母倾诉进行排解；而父母与宝宝谈论情绪问题，可以帮助他丰富、理解情绪知识。其次，在和宝宝交流的过程中可以把一些简单的情绪调节法传授给他（比如，害怕时可以捂住耳朵、自言自语等）。

4 做个好榜样。首先，要让宝宝感受到来自父母的关心，表达的方式包括多对宝宝微笑，给宝宝以信任支持的眼神等，尽量避免在宝宝面前板着面孔、面无表情。其次，给宝宝树立一个良好的榜样，因为父母的情绪调节方式会潜移默化地影响儿童情绪调节策略的形成和应用。

沟通与合作

幼儿的创造力开始萌芽，语言表达进入快速发展期，开始慢慢懂得害羞……一定要特别重视宝宝的沟通、团队合作等综合能力的培养，让宝宝更自信，更会和小朋友沟通合作。

社交

宝宝还不具备一定的交往能力，不能主动地解决矛盾。但是他们已经开始产生一定的交往需求和交往欲望。家长可以利用很多的机会，培养宝宝处理人与人之间的关系的能力。比如，在宝宝与同伴发生矛盾时，家长可以指导宝宝自己解决；在宝宝议论同伴时，家长可以对宝宝进行是非观念的教育。从小培养宝宝处理人与人之间关系的能力，要让他们去适应集体生活、适应社会，让他们学会尊重他人并能受人喜欢。

分享

日常生活中，处处可以培养宝宝的爱心。比如，给宝宝买了好吃的，

要宝宝说爱爸爸、爱妈妈，先给爸爸、妈妈吃。

抓住生活中的点滴机会，逐步培养宝宝学会亲切待人、愿意分享的态度。比如家里来了客人，让宝宝大方地把玩具、水果、饮料拿出来递给客人；客人要回去时宝宝还会自己拿袋子装一些让人带回去，虽然客人不拿宝宝的东西，宝宝也会说："没关系，我还有呢。"还可以用讲故事的方式让宝宝学会宽容别人，乐意关心和帮助别人等。

沟通

爱玩是宝宝的天性。家长可以让宝宝主动邀请其他小朋友一起玩游戏、听故事、唱歌、跳舞、画画，逐步培养与同伴交往的习惯。即使在玩的过程中，小朋友之间闹矛盾，家长也不要强行把宝宝拽到一边，更不能责骂宝宝。最好的方法是从中引导，让宝宝自己解决矛盾，友好相处。

游戏需要情节，也需要角色，宝宝可以通过扮演角色，模拟成人的社会生活和社会交往情景。比如，坐在一把小椅子上当司机，为同伴开车；拿一个玩具听诊器当医生，为同伴看病。让宝宝体验不同的角色的所思所想，从而能更好地理解他人。

合作

社会是一个群体，任何一项事情光靠一个人单枪匹马的奋斗是不可能实现的，必须依靠群体的力量，这就要学会同不同人打交道，并能取长补短。父母必须培养宝宝与人合作的意识，训练宝宝的合作行为，增加宝宝的合作能力。这首先要学会尊重他人，并善于团结和自己意见不同的人。

在和小朋友游戏中，让宝宝学会容忍与合作。在沟通中，遇到与自己意愿相冲突的事，应教育宝宝学会忍让，与同伴友好合作，暂时克制自己的愿望，服从多数人的意见。让宝宝学会乐于助人，如小伙伴摔倒了要急忙扶起来，同伴的玩具不见了可帮着去寻找等，要让宝宝知道乐于助人的人就会有很多的朋友。

专家指导

良好的心理素质表现为：宝宝对自己感到满意，情绪活泼愉快，能适应周围环境，人际关系友好和谐，个人聪明才智得到充分的施展和发挥。

逆境与挫折

逆境商数是我们在面对逆境时的处理能力，明确地描绘出一个人的挫折忍受力。一个人逆境商数愈高，愈能以弹性面对逆境，发挥创意找出解决方案，终究表现卓越。

宝宝如果从来没有受过挫折，在第一次遇到挫折时，忍受力会比其他受过挫折的宝宝来得弱。宝宝第一次遇到挫折时，如能顺利克服，下一次遇到挫折时，抗压性会大幅增加。如何培养宝宝承受挫折和战胜逆境的能力呢？

讲故事

选取或自编一些挫折故事，讲给宝宝听，并和宝宝进行讨论。每一个故事都能让宝宝增强信心，战胜困难。

还可讲些可以进行表演的故事，和宝宝一起根据情节进行表演，让宝宝扮演失败或遭到挫折的角色，家长扮演帮助者的角色；然后进行角色互换，家长扮演失败者，宝宝扮演帮助者。这样，宝宝既能体验到挫折感，又能学会战胜挫折的方法。

制造困境

为宝宝制造一些困境，让宝宝犯错误，犯错误是很好的学习机会。比如，让宝宝自己穿衣服，宝宝穿的时候，妈妈发现穿错了也不指出来，直到宝宝后来发现穿不了，只能脱下来重新穿。这时候，妈妈再指出宝宝的错误，提醒宝宝穿的时候要注意什么，这样宝宝下次再穿的时候就会格外小心，不会犯同样的错误。

让宝宝吃苦

让宝宝受一些感到不快或不舒服的外界刺激，如劳累、饥饿、寒冷、惩罚等，能让宝宝体验到许多事情并非按自己的意愿进行，克服自我中心倾向。家长要狠狠心，例如宝宝跌倒了，让他自己爬起来；带宝宝出去玩，只要宝宝还可以走，就让他自己走完全程，鼓励宝宝坚持就是胜利。

专家指导

培养逆商不是一朝一夕的事情，我们要在日常中渐渐的积累宝宝对挫折的应对能力，挫折要逐渐增强，并且有意识地分阶段巩固逆商。

做游戏

家长多开展和设计一些与挫折有关的亲子游戏，让宝宝在游戏中得到训练。例如，可以和宝宝玩"如果"的游戏，家长提出问题，让宝宝尽可能多地想到解决的办法。"如果出去关门后，发现未拿钥匙怎么办？""妈妈生病昏倒在家里，你该怎么办？""你和妈妈在大街上走散了，怎么办？""你一个人在家，有陌生人敲门，怎么办？"通过这种问答游戏，让宝宝学会面对困境。

又如，对2岁左右的宝宝，可以让他们玩"钻洞"的游戏。在家里可把大纸箱侧放在地上，让宝宝从里面爬过去。当宝宝爬的时候，家长可以在外面制造一些声音，或轻轻摇晃箱子，让宝宝感到害怕。然后，再鼓励宝宝勇敢地爬出来。

开展竞赛

多和宝宝开展一些竞赛活动，先让宝宝体验失败，再和宝宝分析原因，改变方法，最后让宝宝体验到成功。当宝宝成功后，家长给予积极暗示，如对宝宝说"失败并不可怕""你真行"，必要时可以给予宝宝奖励。

礼仪与安全

日常生活中，从小培养宝宝遵守交通规则，遵守公共秩序，如按顺序排队等候，既培养了宝宝的耐心，又提高了他文明的素养。在公共场合不随便丢垃圾，教育宝宝讲卫生的同时尊重环卫工人的劳动。文明的举止是很容易学会的，而且会对宝宝日后的生活产生深远的影响。

6~12个月：礼仪入门

6个月大的宝宝已经开始模仿成人的举止和面部表情了，1周岁的宝宝已懂得在陌生环境下观察父母的表情，做出适当的反应。年轻的父母，请检点自己言行，多说"请"和"谢谢"，并用愉悦的声音对宝宝说话。这些将为宝宝未来的礼仪培养开个好头。

1~2周岁：基本礼仪

教一个蹒跚学步的宝宝学礼仪——这想法听上去有点滑稽。可是，1周岁后，宝宝的个体意识已渐渐萌芽，应该学些基本礼仪了。父母千万得有耐心，要知道这个年龄的宝宝的记忆力还较弱，又很难集中注意力，你得一遍遍不断重复地教育，还得注意别惹恼了宝宝——要知道一个没吃点心、没睡好觉的宝宝，可比心满意足的宝宝难教育多了。

3岁：创造社交情景

3岁的宝宝差不多该"初出茅庐"进入他的"社交圈"了。他们探亲访

友、去公园玩耍……一个个社交"里程碑"为父母提供了教授礼仪的绝好机会。要知道，所谓礼仪的本质，就是为他人着想，这是礼仪教育的基础。

领导力培养

幼儿领导才能指在一个相对稳定的幼儿群体中，由一个或几个幼儿组织、率领小伙伴共同完成某项活动或任务的具体方式和个性心理特征。

如何培养宝宝的领导才能呢？

责任意识

不仅要要求宝宝自己的事情自己做，还要让宝宝懂得对自己的行为负责，对待父母交给的任务以及在群体活动中分配给自己的任务要认真完成。

决策能力

3岁左右的宝宝具有强烈的独立行动的愿望并开始了决策。因此，父母应尊重宝宝在兴趣选择、价值判断等方面享有的权利，以最大的信任、必要的指导和最低限度的帮助促进他独立自主性的发展。

协调能力

教宝宝学会善解人意，学会从他人的角度或立场来考虑问题、解决问题。鼓励宝宝参加群体活动，让宝宝从中认识到必须遵守一定的准则，随心所欲是无法和其他宝宝结为伙伴的。教宝宝掌握解决问题和化解矛盾的能力。

创新

创新能力潜藏在每个宝宝身上，如果能及时、科学地进行开发、培养，宝宝的创造能力就会很好地发展。

组织能力

要把小伙伴们组织起来完成一个共同的目标是一件不容易的事，因此，父母除了要教宝宝掌握一些说服人的技巧外，还应多给宝宝提供机会，让他亲自操办活动。

专家指导

宝宝天性好奇，对周围事物有探索的兴趣，父母应该对此给予奖励。这样宝宝更愿意继续进行某种试验和探索，有助于培养创造性思维能力。

PART 3

塑造宝宝的性格

"3岁看大，7岁看老"，从小就要塑造宝宝完美的性格，让宝宝成为人格完善、个性独立、品格正直的人。

培养宝宝的耐性

宝宝年纪小时，好奇心强，注意力很容易转移，不容易有耐心地专注在一件事上。如果大了，也那么躁动就不好了。所以，爸爸妈妈要注意培养宝宝的耐性。

言传身教

父母首先要学会忍耐等待，才能让宝宝学会忍耐。爸妈性子急躁，宝宝长大后可能会存在畏怯或霸道等情绪问题。

勿包办代

针对于缺乏耐性的宝宝，父母往往爱包办一切，这样一来宝宝如果不喜欢时，父母便全权代劳，使宝宝失去求知欲，更失去了耐性。

让宝宝独立解决问题

无论是谁都不喜欢困难的问题和费力的事情，看到宝宝做题慢或不能做出来而将答案告诉宝宝的办法是错误的，应当让宝宝独立解决问题。

多玩团体游戏

与单独玩相比，多玩一些团体游戏可以使宝宝养成遵守规则的习惯，在游戏等待的过程中，锻炼了宝宝的耐性和精神。

因材施教

当宝宝对某种学习有兴趣时，给宝宝创造机会，容易增强宝宝的专注力。如果让宝宝做不适合自己的事情，宝宝难以耐心去做。

从容易的入手

对于没有耐性的宝宝而言，一开始就接触较难的知识，会使宝宝丧失耐心。从简单的入手，逐渐增加难度。

培养宝宝的自信

现在不少父母存在一个共同的苦恼，就是宝宝缺乏自信心，幼儿阶段是形成自信的重要时期。培养宝宝的自信心，可以从以下几个方面入手。

赏识宝宝

成人的评价对宝宝产生自信心理至关重要。幼儿时期，成人对宝宝信任、尊重、承认，经常对他说"你真棒"，宝宝就会看到自己的长处，肯定自己的进步，认为自己真的很棒。反之，经常听到"你真笨、你不行、你不会"之类的的评价，宝宝也会否定自己，对自己的能力产生怀疑，从而产生自卑感。

给宝宝实践的机会

给他一些他一定能完成的任务，比如摆碗、盛饭、给爷爷拿眼镜、到信箱拿报纸等，他做到了就表扬。有时也让他去学做一些比较困难的事，如洗手绢、擦皮鞋、整理玩具等，会做了更要大力表扬，树立他的自信心。

鼓励宝宝

每一个宝宝都需要不断鼓励，就好像植物需要阳光雨露一样。当宝宝试着做一件事而没有成功时，我们应避免指责，而要鼓励。

让宝宝体验成功

让宝宝不断获得成功的体验。过多的失败体验，往往使宝宝对自己的能力产生怀疑。因此，家长应根据宝宝发展特点和个体差异，提出适合其水平的任务和要求，确立一个适当的目标，使其经过努力能完成。他们也需要通过顺利地学会一件事来获得自信。

专家指导

"听话"的宝宝让人省心，而且满足了大人的权威性与自尊心。然而"听话"背后，却常常导致宝宝自信心的缺乏。

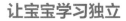

让宝宝学习独立

从小爸爸妈妈就要培养宝宝独立的能力，下面的几个方法有助于培养宝宝独立特性：

自立训练从小开始

在宝宝是婴儿时期就让宝宝自己单独睡觉，当然宝宝也会闹着想和父母一起睡。此时父母不要让宝宝和自己一起睡，而是应想方设法让宝宝独居一室而不害怕。

教宝宝表达自己的观点

每天找一个时间，和宝宝聊聊一天的生活；问他对某件事的意见，耐心倾听他的回答。当宝宝提问时，一定要回答他；根据他的理解程度，选择适当的语言来解答他的问题。如果宝宝想加入父母的谈话，要耐心倾听他的观点；如果不同意，也别直言不讳地表达你的不屑，你可以说"你想得很好，不过……"

让宝宝有机会独自一人

宝宝1岁时，如果周围环境安全，他可以在房间里单独待一会儿。2岁时，宝宝可以在妈妈做饭时自己画画。但每隔一两分钟冲他说句话、微笑一下，这样他就能高高兴兴地"忙活"。宝宝3岁时，应该能走一段路了，比如跟妈妈一块到小区的超市，这也是让他学习交通规则的好机会。

教宝宝使用工具

宝宝生日的时候不妨送给宝宝一个"工具箱"，箱子里有"儿童版"的手锯、刨子、螺丝刀、钳子、各种起子等，教宝宝怎么用这些工具的。

尊重宝宝的选择

有的宝宝太过依赖父母，什么事都拿不定主意，有的宝宝又比较叛逆，越是家长反对的，他越要去做。为什么会这样呢？很大原因是父母没有尊重宝宝的选择，而是一味地代替他做着各种各样认为是对他好的选择。所以，有的宝宝不知道该如何去选择自己想要的。

宝宝虽小，可也需要尊重。给予

专家指导

在宝宝2～3岁时，可以教给宝宝一些交通知识，例如怎么看红灯、过马路的常识，还要嘱附他们记住警察局、消防局的电话。

宝宝最起码的尊重，对宝宝自尊的建立及人格健全很有帮助。人生之中要面对很多选择，在宝宝小的时候，不要一切都为他包办。比如宝宝选择一个玩具，家长以为这个不好，可他也许偏偏就喜欢这个。有时不必强迫他去做那些他不愿意做的事，除了原则上的问题外，可以多听听宝宝的意见。

每当家长想要宝宝做一些他们不想去做的事，总是使出一个撒手锏——我这是为了你好，让宝宝不能拒绝父母的要求。但事实上是，对于宝宝不感兴趣的事情，非要强迫宝宝去做，宝宝即使听从了家长的建议在做，心里也有极强的反抗和意见，对于事情本身也多无益处。切不可打着"爱"的旗号去强迫宝宝，如果真的为宝宝好，就要尊重宝宝自己的选择，尊重宝宝的感受。

如果尊重宝宝对自我世界的决定，那么，他会因而发展出自我约束能力，从而会有一种成就感、自我价值感和责任感，这对宝宝的一生来说都是很重要的。

适度赞美宝宝

父母对宝宝适宜的赞美能产生多方面的教育效果，有利于培养宝宝良好的行为习惯和道德品质。儿童道德品质形成的最初阶段，是非观念模糊、自制力差。因此成人的引导、奖励与赞美至关重要。

坚持原则

由于溺爱，有些父母无原则地对宝宝的种种行为加以赞美，造成宝宝是非不清，骄横跋扈的坏习惯。宝宝按大人的要求去做了，并做得很好，就应该及时赞美，做了不对的事情，即使宝宝哭闹，耍赖皮也千万不要迁就他、说好话。否则，赞美就会失去原有的积极意义。

及时赞美

宝宝做完某件事或正在进行中，就给以适当的赞美和鼓励，效果很好。如果一时忘记了，应该设法补上去。

就事论事

不要直接赞美宝宝整个人，而应该赞美宝宝的具体行为。也不要夸大其词，这样会使宝宝沾沾自喜，自以为了不起。

专家指导

赞美宝宝，可以增强宝宝对父母的信任感，经常奚落或责备宝宝的父母很难赢得宝宝的信任。

当众赞美

宝宝应当得到赞美时，应当着别人的面前得到。宝宝的成绩当众传播了，这就是双重的奖励。

掌握分寸

宝宝经过努力做出了成绩，或者他做完了他理所应当做的事情，他都应该得到赞美。但在日常生活中，注意不要重复赞美某件事情，当宝宝养成良好的习惯后，就可以适当减少对宝宝这一方面的赞美。

别对宝宝撒谎

以大人的经历，要技巧性的哄宝宝不是难事，为什么要这么直接地骗他呢？最常见的一个场景就是妈妈哄劝宝宝的时候，"宝宝乖，你在家听话，妈妈回来给你买大棒棒糖！"结果妈妈办完事回来也不提棒棒糖的事了。有的父母也是答应宝宝周末去游乐园玩，到了周末借口忙又不去了。这种被骗的经历教会宝宝：妈妈说的话不可信，因为妈妈是个没有信用的人。

对宝宝说话不算数的父母，很少用同样的态度对待身边的成年人，因为他们知道"言而无信，不知其可"的道理。但是对待宝宝，说话算不算数似乎无关紧要。所以，"哄宝宝"一词在中国很流行，几乎成了父母们的共识。

父母对宝宝言而无信，最本质的原因是父母把宝宝当做自己的附属品没把宝宝当成独立的人，因而也没有把对宝宝的承诺看成承诺，没有理解父母与宝宝之间的关系应该是人与人之间的平等关系。

大人骗小宝宝好像是件小事，但小宝宝说谎时又让大人紧张成什么似的——没有以身作则的大人有没有想到这可能让宝宝有样学样呢？

如果父母不对宝宝说实话，宝宝自然会失去对父母的信任，也就不会和父母说心里话，相互间的沟通会因此受阻，亲子关系也会被严重影响。

对宝宝尽量要说实话，有些实话可能会赤裸裸，但可以换种婉转的方式表达。

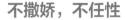

不撒娇，不任性

宝宝任性也是很常见的，一般的撒撒娇也挺可爱，如果过于任性，一点儿道理也不讲，爸爸妈妈就要注意了。

执拗

可爱顺从的宝宝逐渐变得执拗起来，不太听话了；有时让他向东，他偏向西。家长采取了打、罚、哄、物质引诱等方法，效果却不好。

对策 从婴儿到幼儿，宝宝开始用自己思维的独立性和创造性，去看待世界。成人认为宝宝执拗，相反，在宝宝眼中家长倒有可能执拗。这是个理解、沟通、引导的问题。家长和宝宝需以平等的地位相处，用宝宝能接受的方式，循序渐进地使其明是非、知曲直。

当宝宝执拗不听话时，家长应认清原因，注意沟通，正确引导。要克制自己的情绪，不能随便发火、惩罚宝宝，更不要打骂宝宝。

发脾气

爱发脾气是宝宝在1岁前后出现的现象。当宝宝要什么东西，父母不满足时，宝宝就发脾气，哭闹不止。父母受不了赶紧满足宝宝的要求。宝宝得寸进尺，脾气越来越大。

会走路时，宝宝萌发出"什么都想自己来做"的意念，常想做一些力所不能及的事情。一旦做不好就大发脾气。

对策 当宝宝发脾气时，父母应不声不响地把他抱起来，或者是平静地注视着他，等待宝宝自己安静下来。这种脾气暴躁期是宝宝成长过程中的必经阶段，不要觉得宝宝这是"变坏了"，去责怪、训斥他。

撒娇

有人认为宝宝哪有不撒娇的，大了就好了；也有人认为撒娇过度就是任性，一定要纠正。事实上，宝宝撒娇有些是合乎情理的，有些是无理取闹，爸妈应区别对待。

对策 宝宝生病、身体不舒服时，容易撒娇；每天午饭后和晚上要睡觉时会撒娇；外界扰乱了宝宝的生活习惯可能导致宝宝吵闹、撒娇。这些撒娇是难免的，也是正常的，是亲子情感交流的一种形式，父母都应予以理解，并给予安抚。

但是对那些因不顺心、不讲道理而故意发脾气撒娇的宝宝，父母就不能听之任之、百般迁就、百依百顺了，否则会养成霸道的性格。

嫉妒

宝宝的嫉妒，是对在智能、名誉、地位、成就及其他条件比自己优越的宝宝怀有的一种不安、痛苦或怨恨的情感。

宝宝嫉妒的主要表现有以下几种：不许爸爸妈妈亲近或爱别的宝宝；别的宝宝事情做得好，或受到表扬时，认为自己不比他差，不服气，对别的宝宝中伤、讽刺、排斥等；别的宝宝比自己穿得好，或玩具多，或小伙伴多，就打击、嘲弄、疏远，甚至怨恨。

对策 对于好嫉妒的宝宝，家长应鼓励宝宝勤奋踏实、积极进取、乐于助人，对浮躁、损人利己的行为要予以处罚、教育，培养良好的道德品质。对宝宝的赞扬要恰当。激发宝宝把嫉妒转化为竞争意识。

专家指导

教育宝宝心胸豁达，不斤斤计较；学会设身处地，将心比心，理解小伙伴；交流和沟通感情，与小伙伴团结共进。

胆大的宝宝有勇气

宝宝的勇气会因各种情况的变化而变化，有勇气的宝宝通常胆大却又谨慎。怎样锻炼宝宝的勇气？

容许宝宝胆小

有些宝宝对尝试新鲜事物十分热切，有些宝宝则会退缩。他们可能会感到害羞，或者还不想尝试任何不确定的事情。改变对宝宝的期望，尝试接受并包容宝宝的胆小。

让宝宝尝试不喜欢做的事

有些宝宝总是屈从于他人，不敢鼓足勇气尝试没有做过的事情，时间久了就会误以为自己生来就不喜欢一些东西。应该让宝宝认识到，什么事情都要敢于去尝试，尝试做一些自己原来不喜欢做的事，就会品尝到一种全新的乐趣，慢慢从老习惯中摆脱出来。关键要看是否敢于尝试，是否能把自己的想法贯彻到底。

让宝宝学会照顾自己

父母要时时处处注意培养宝宝的独立性、坚强的毅力和良好的生活习惯，鼓励宝宝去做力所能及的事情，让宝宝学会自己照顾自己。当宝宝遇到困难时，父母不要一味包办，而要让宝宝自己想办法解决。

为正确的事情坚持

宝宝需要学会用勇气来坚持正确的事情，父母可以通过夸奖来培养宝宝的勇气。例如，当宝宝发觉伙伴被取笑时挺身而出，你可以赞赏："你真是一个善良勇敢的宝宝"；当宝宝讲捡来的玩具还给它的主人时，爸妈也可表扬他说："你做了一件正确的事情"。

让宝宝熟悉害怕的事情

当宝宝进入到一个新环境，不要让他独自经历考验，而是让他慢慢地去适应。如果宝宝对新朋友的出现感到紧张，爸爸妈妈不妨为他营造一个既有老朋友又有新朋友的环境。如果逐渐熟悉的感觉会令谨慎的宝宝获得安全感。

在游戏中学习

捉迷藏是一个非常完美的培养宝宝勇气的游戏。它能够帮助宝宝学会面对分离以及未知的环境。游戏中，妈妈出现，消失，然后又重新出现。宝宝在游戏的过程中逐渐学会轻松面对。

让宝宝体验挫折

既要让宝宝有成功的快乐体验，也要结合所遇的挫折与困难进行教育，两者有机结合，才能真正培养起宝宝良好的耐挫力与正确对待一切事物的态度，对自己说"我不是失败了，而是没有成功。我相信，我能行！"

让宝宝树立自信心

父母应该让宝宝知道，树立自信心是战胜胆怯退缩的重要法宝。胆怯退缩的人往往是缺乏自信的人，对自己是否有能力完成某些事情表示怀疑，结果可能会由于心理紧张、拘谨，使得原本可以做好的事情弄糟了。

因此，父母要教导宝宝在做一些事情之前就为自己打气，相信自己有能力发挥自己的水平，然后按照想法自己去努力就可以了。

专家指导

宝宝的胆量生来是不一样的，有些宝宝天生不爱说话，害怕生人，不敢表现自己，父母要鼓励宝宝和小朋友一起游戏、交往，帮助宝宝走出胆怯退缩的困扰。

乐观的宝宝很阳光

阳光般的性情也许是与生俱来的，但这绝对离不开良好的外界环境的培养。

家庭保持乐观的气氛

良好的家庭氛围能使宝宝经常保持乐观、开朗、活泼的情绪。如果家庭中总是吵闹和争执，甚至充满敌意或暴力，是绝对不可能培养出乐观的宝宝的。父母可带宝宝多听听音乐，平时让歌声充满家庭。

父母要乐观

父母对宝宝的影响是巨大的，父母应该注意自身素质的提高，让自己的胸怀宽广些，言谈举止中流露出"大将"风度，这样潜移默化地让宝宝接受教育。

鼓励宝宝多交朋友

不善交际的宝宝大多性格抑郁，因为享受不到友情的温暖而孤独痛苦。性格内向、抑郁的宝宝更应多交一些性格开朗、乐观的同龄朋友。

满足宝宝的生理需求

身体健康的宝宝才更容易保持乐观的情绪。所以，家长要根据宝宝年龄特点，安排有规律的生活，并提供给宝宝均衡、全面的营养，确保宝宝生活在安全、卫生的环境中，尽量让宝宝少生病并获得健康生长发育所需要的各种条件。

满足宝宝的心理需求

在了解宝宝心理特征的基础上，尽量满足宝宝的心理需求，和宝宝充分地交流及建立良好的亲子关系。只有心理需求得到了足够满足的宝宝，才更容易用豁达和积极的心态去理解和适应环境中的变化。

生活不宜过分优裕

物质生活的奢华反而会使宝宝产生一种贪得无厌的心理。相反，那些过着普通生活的宝宝往往只要得到一件玩具，就会觉得十分快活，遇到困难的时候，也不容易悲观失望。

引导宝宝换位思考

在生活中家长要注重通过小事情，引导宝宝从不同的角度去分析和思考问题，引导他们变通地理解事情的发展变化。多和宝宝一起做角色互动游戏是个很好的办法。

让宝宝学会缓解压力

让宝宝经受挫折教育，并引导宝宝寻求自我安慰的办法：如通过音乐、运动、倾诉、阅读或简单地发泄。多鼓励宝宝并且让宝宝认识到，任何困难和挫折都会有所转机，用消极的态度对待事物，不能很好地解决问题。

保护宝宝的快乐感

如果宝宝是个书迷，但同时他还热衷于体育活动、饲养小动物或参加舞蹈训练，那么他的生活将变得更为丰富多彩，由此他也必然更为快乐。

培养兴趣爱好

全身心投入到一项充满挑战的任务中，会给人带来很大的快乐。对于宝宝而言，培养他的兴趣爱好，例如集邮、绘画等，让他投入其中，会让他很快乐。兴趣爱好不一定是指某种技能，例如集邮、拼图等，它们并不是某种竞技，却同样可以开发宝宝的智力，更能让宝宝学会投入的快乐。

专家指导

允许宝宝犯错，让宝宝明白自己错误的地方，培养宝宝改正错误的勇气和能力，这有利于宝宝学会处理压力和消极情绪，增强抗挫折能力，保持乐观的心态。

好斗的宝宝早调教

好斗是宝宝的一个正常发育过程。很多这个年龄的宝宝都会时不时地抢其他宝宝的玩具、打人、踢人或使劲尖叫得自己都快喘不上气了。对好斗的宝宝一定要早调教。

迅速做出反应

当看到宝宝开始出现攻击行为时，尽量立刻做出反应。在宝宝做了错事时，立刻让他知道。可以把他带走，短暂地关关他的禁闭，三四分钟就够了。这样做是为了让宝宝把自己的行为和后果联系起来，明白如果自己打人或咬人，就不能和小朋友一起玩了。

然而，无论有多生气，尽量不要对宝宝喊叫或打他，或者说他是个坏宝宝。因为这只会教他在生气的时候动口或动手去攻击别人，而不能让他改正自己的行为。

坚持一贯原则

尽可能每次都用同样的方式对待宝宝的攻击行为。你越用同样的方法就能越快建立一套被宝宝认识和接受的规则。最终他就会明白，只要自己做了错事，就得受罚不能玩——这是他学习控制自己行为的第一步。

强调宝宝的责任感

看到宝宝打人，一定要在第一时间制止他。如果宝宝的好斗行为毁坏了别人的东西或弄得一团糟，他就应

该帮忙再弄好，例如，可以让他把打坏的玩具粘好，或整理好自己生气时扔得到处都是的积木、饼干等。不要让宝宝觉得这是一种惩罚，要让他知道这是好斗行为带来的必然后果。

及时和宝宝谈谈

等宝宝冷静下来，你要心平气和地跟他说说刚才发生的事情，理想的时间是在事情发生后半小时到1小时之间。问问他为什么突然爆发，告诉他有时候生气是很自然的，但不应该推人、打人、踢人或咬人。

奖励好行为

不要只在宝宝犯错时才注意他，要尽量关注他表现好的时候，比如，宝宝把秋千让给另一个一直等在旁边的宝宝。这时，要告诉宝宝你为他感到骄傲。让宝宝明白，自我控制和解决冲突，比把别人推得老远更让人高兴，带来的结果也更好。

和宝宝一起看电视

动画片和儿童节目里经常充斥着叫喊、威胁、推搡和打人的情景。所以，要尽量和宝宝一起看电视，监督宝宝所看的节目内容。要是电视节目里出现了你认为不好的内容，要和宝宝谈一谈："你看见那个宝宝了吗？他为了得到自己想要的东西把朋友推开，那样做可不对，是不是？"

必要时看医生

有些宝宝比其他宝宝更好斗。如果你宝宝的攻击行为经常出现，并且很严重，影响了上幼儿园或参加其他有组织的活动，最终对其他宝宝或大人造成了身体伤害，你应该及时带宝宝就医。和医生一起努力找出问题的根源，并决定是否需要看儿童心理医生。

专家指导

有时候，在宝宝的挫折感和愤怒背后是未被诊断出的学习障碍或行为障碍问题；有时候，这种问题和家庭或情感困扰也有关。

文明的宝宝不说脏话

有的父母发现自己的宝宝竟然会说脏话，但又不知道该怎么教育宝宝，下面给父母们介绍几种方法。

别让宝宝误解

听到很小的宝宝说脏话，有些父母会觉得有趣，忍不住吃吃地笑。这样，就会使宝宝产生错觉，认为这是一种能得到父母赞赏的行为。最好的方式是听到宝宝说脏话时，给他一个冷冰冰的面孔。让他明白，你对他说脏话的游戏一点儿没有兴趣，也很反感，这样他就不会尝试用说脏话来吸引你的注意了。

教宝宝新的表达方法

如果宝宝仅是在尝试一个新词，看看它会带来什么样的后果，或一时找不到合适的词来表达自己，那么，父母可以尝试用另外一个有趣的新词，比如用一些童话书或者神话故事里提到的咒语或有趣的图来吸引宝宝；也可用一些听起来很愚蠢但不是脏话的词汇，来帮助宝宝表达自己，转移宝宝对那些脏字眼的注意力。

转移宝宝注意力

当宝宝在自己玩耍的时候，如果

专家指导

如果宝宝子是因为想要什么东西而讲脏话，一定不能让他得到想要的东西。即使你指明"说那样的话很不好"，也不能把他要的冰激凌给他。

嘴里无意识的说脏话，转移他的注意力，让他背诗歌，或者是一起数数，还可能是一起蹦蹦跳跳等，反正就是不让他的嘴闲着。这样的话，宝宝被一些比较有趣的亲子游戏所吸引，嘴里肯定就不会再有脏话了。经过一段时间的训练，宝宝渐渐淡忘了脏话。

给宝宝设定一些界限

一旦发现宝宝说脏话，就有必要给他设定一些界限。但给宝宝设定界限时一定要冷静，不能过于激动，甚至以近乎疯狂的态度对待宝宝。如果是宝宝自己生造的词，告诉他没有那样东西，没人明白他在说什么。这样，可以降低宝宝说脏话的积极性。

别太注意宝宝的脏话

父母不要因宝宝说脏话感觉尴尬，就试图尽快结束宝宝的这种行为，甚至不惜放弃原则，让宝宝的小

"阴谋"暂时得逞。因此，父母这样的行为无疑是在鼓励宝宝，只要说脏话就能达到目的，而那些不能说脏话的道理他们根本就不会往心里去。

改变周围的环境

家人如果有带脏话的口头语，会让宝宝产生模仿的欲望，2～3岁的宝宝，正好也是模仿欲望比较强烈的时候。他会吸收自己从周围听到和看到的，并渴望和其他人分享他所学到的东西，不管那是好的，还是坏的。所以，家长一定要以身作则，坚决杜绝在宝宝面前说脏话，没有这样的环境，宝宝自然也就无从学起。

教宝宝学会尊重

向宝宝解释骂人会让人伤心，即使其他宝宝都这么说，这样做也不对。骂人和让人伤心都是不可以的。虽然宝宝可能还在学习体会别人的感情，也许不能每次都记得先考虑别人，但仍然需要知道自己什么时候在伤害别人，即使他不是故意的。

诚实的宝宝不撒谎

父母都希望自己的宝宝诚实守信，不喜欢撒谎的宝宝。但是，许多宝宝却表现得不尽如人意。培养宝宝诚实、不撒谎，要从小抓起。

从点滴做起

培养宝宝诚实的品质，它既要求家长有长期坚持的耐心，与时俱进的细心，又深深扎根渗透于日常生活的琐碎点滴中，贯穿家庭生活和亲子成长的全过程。家长应从小就要求宝宝说真话，不说假话；做错事时勇于承认自己的错误并能及时改正。

做宝宝的好榜样

父母要培养一个有责任心、以诚待人的宝宝，就要以身作则，做诚信的表率。常言道："身教重于言教"，父母的行动对宝宝来说是无声的语言，有形的榜样。

营造诚信的家庭氛围

为宝宝创造愉悦的讲诚信的氛围，以感染宝宝的心灵。特别是家庭成员之间应相互信任。宝宝尽管年龄小，但他同样会体会到家长对他的尊重和信任。要知道从小受到尊重、信

专家指导

> 许多宝宝说谎都是由于害怕成人的惩罚而造成的，他们之所以说谎是由于他们不敢说真话，这是宝宝为了逃避成人的惩罚而保护自己的方式。

任的宝宝，会更加懂得怎样去尊重、信任别人和怎样得到别人的信任。

面对宝宝说谎，有些父母不分青红皂白就加以苛责、训斥，甚至打宝宝。有些宝宝本来不想说谎，但害怕严厉的家庭环境，为了逃避惩罚，也为了让自己少受点皮肉之痛，于是编造了各种各样的谎言。

满足宝宝的需要

宝宝撒谎大多是由于后天的某种需要引起的，比如为了满足吃的、玩的需要，甚至是为了逃避受批评、受惩罚，这些都助长了宝宝撒谎的恶习。父母应该认真分析宝宝的需要，尽量满足其合理的部分。要分析宝宝的需要，认真倾听宝宝的心里话，而不要以成人的想法推测宝宝的心理。当宝宝向父母讲述了他的需要后，父母应该跟宝宝一起分析，让宝宝明白

哪些是合理的、正确的，然后及时满足宝宝合理的需要；对于不合理的需要，则要对宝宝讲明道理。

不要随意给宝宝贴标签

宝宝的说谎往往并不是为了故意伤害他人，家长不要轻易将宝宝的说谎行为与宝宝的品质画等号，不能因为宝宝的某一次谎言就给宝宝定性，给宝宝贴上"小骗子"、"谎话专家"、"吹牛大王"等标签。这样做不但对宝宝改掉说谎的毛病没有任何帮助，反而对宝宝的说谎行为起到了强化的坏作用，可能会促使宝宝今后更加努力地说谎。

重视宝宝的第一次说谎

当宝宝第一次说谎时，家长应将其当做一件大事来抓，决不能掉以轻心。要知道有第一次，就会有第二次、第三次。宝宝在第一次说谎时会感到不安，即使蒙混过关了也会十分担心，但如果没有得到及时的纠正，便可以品味到说谎带来的甜蜜，会产生再次尝试说谎的欲望。

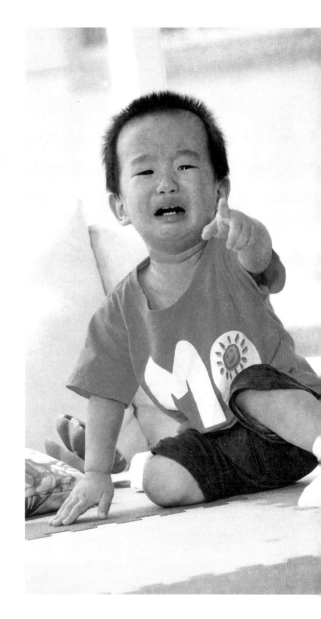

宽容的宝宝会与人协作

富有宽容心的宝宝往往心地善良，性情温和，惹人喜爱，受人拥护。怎样培养出宽容的宝宝呢？

为宝宝树立榜样

宝宝的宽容之心最主要的来源就是父母。宝宝最初是从父母那里学习待人接物的方式的。父母宽容、大度、遇事不斤斤计较，与邻里、同事之间相处融洽，宝宝就会学着父母的样子处理同学之间的关系，也会变得宽容、好善、乐于与人相处。

教宝宝学会换位思考

换位思考的实质，就是设身处地为他人着想，即想人所想，理解至上。当宝宝之间发生矛盾时，父母要教育宝宝暂时放开自己的见解，以对方的情况为出发点，才能体会对方的感受，理解对方的行为。父母应该教育宝宝经常自问："要是我处在这种情况下，我会怎么想呢？又会怎么做呢？""我现在应该为他做点什么，他的心里是不是会感觉好受一些呢？"这样，宝宝往往会看到问题的另一面，从而养成其宽容的品格。

专家指导

要让宝宝不仅懂得宽容和包容的道理，而且马上见效是不可能的，成长是个过程。所以，家长不能因为这个过程而放松对宝宝的教育，而且要有足够的耐心。

教宝宝学会理解他人

让宝宝明白，金无足赤，人无完人，有缺点和不足乃是人性的必然；和朋友相处，没有必要求全责备，可以求同存异，只要朋友的缺点不是品质方面的；对朋友的缺点和不足，对朋友心情不好时所说的话和所做的事，没有必要事事计较。

让宝宝多与同伴交往

宽容之心是在交往活动中培养起来的。宝宝只有与人交往，才会发现每个人都有这样或那样的缺点，都要犯或大或小的错误，而只有学会宽容别人，才能与人正常交往友好相处。如称赞别人的缺点，庆贺同伴的成功，帮助有困难的小朋友，采纳别人的合理建议等，这些都能使宝宝得到友谊，分享别人的成功，并使自己也获得进步。

在宝宝与同伴交往的过程中，父母要特别注意引导宝宝宽容比自己强的同伴、比自己"差"的同伴和自己的竞争对手。让宝宝向好同伴学习，帮助"差"同伴，学会与竞争对手合作。

鼓励宝宝"纳新"和处变

宽容不仅体现在对人的态度上，也表现在对物和事的态度上。父母要引导宝宝见识多种新生事物，让宝宝喜欢并乐意接受新生事物，承受事物所发生的意想不到的变化，善知变和应变。允许宝宝独辟蹊径地解决问题，宝宝一旦习惯于"纳新"和"应变"，他对世间的万事万物也就具备了宽容之心。

宽容宝宝的过错

父母应该本着一颗宽容心，正确对待宝宝成长过程中的缺点、错误，不要简单、粗暴，而要热心、细心、耐心地帮助宝宝找到错误的原因和改正的方法，才有利于宝宝改正错误取得更大进步。也只有这样的教育，才能培养出宽容、体贴的宝宝。

PART 4

好习惯
从小养成

好习惯让人一生受益，坏习惯让人终身受害。培养好习惯从娃娃抓起，宝宝长大不用愁。

不挑食，不偏食

宝宝对食物的喜恶有许多原因，如朋友及家人对食物的喜好，进食时的气氛，过晚接触不同种类的菜肴，以及食物的烹调方式等。怎样让宝宝养成不挑食、不偏食的习惯呢？

鼓励宝宝吃饭

进食时轻松愉快的家庭气氛及父母的鼓励，会令宝宝更易接受食物。注意，是鼓励而非强迫，采取高压政策会另宝宝产生逆反心理。

让宝宝尝试各种食物

宝宝开始吃固体食物之后，尽可能让他尝试各种不同的食物，但一次只限一种。尽量别让个人的喜好影响宝宝对食品的选择。开始时，喂宝宝吃少量的固体食物，如果一下子让宝宝吃太多新的食物，只会引起宝宝的反感。如果宝宝还想再吃，他自然会让妈妈知道。两岁的幼儿通常较不愿尝试新的食物，一种新食物可能会被拒绝十几次之后才逐渐接受。

不要给宝宝过多的选择

"宝宝，今天想吃什么？"宝宝的回答肯定是他熟悉的食物。可是如果换一种方式问宝宝："今天晚上想吃南瓜粥还是玉米粥？"让宝宝只能在这两种食物中进行选择，他的余地

就小了。当然，妈妈不会真的只准备这两样食物，宝宝的口味还是要照顾的，不用多，有一种他喜欢的东西做搭配就够了。

注意色香味俱全

给宝宝一种新的食物时，应用最新鲜的材料，以它最引人垂涎的样子上桌。举例来说，一顿令宝宝觉得色香俱全的鲜鱼或海鲜餐，可使他日后对同类食物产生良好的印象。

正确估计宝宝的食量

宝宝虽然活动量大，但胃口小，我们不能对他们的食量有太高的期望值。事实上，有时宝宝吃掉一个鸡蛋饼，就已经能够为他提供足够的谷类和蛋白质了。如果你还是很担心，那就采取少食多餐的饮食原则，在下一餐给他提供含维生素较多的水果，以弥补前一餐营养不均衡的缺憾。

让宝宝尝试动手的快乐

当你在厨房忙着准备饭菜时，可以让宝宝适当地"劳动"一下。例如开冰箱自己取酸奶、帮妈妈拿蔬菜、搅拌凉菜等。在这里，既充实了宝宝的游戏，又培养了他劳动的兴趣，在吃饭时他还能享受自己的劳动成果。或许那个时候，宝宝就不会挑剔食物的种类，而只专心品尝他参与劳动后的美食了。

烹调多样化

有些食物营养高，宝宝偏偏不爱吃。妈妈可以换着花样去烹调。比如宝宝不爱吃蔬菜，妈妈可以将新鲜而色彩鲜艳的蔬菜切成小条，根据宝宝的口味，辅之以花生酱等，让吃菜不再乏味。

专家指导

爸爸妈妈要保持良好的健康饮食态度，因为爸妈是宝宝的启蒙老师，也是宝宝学习的典范。尽量让进食成为一个全家人共享、轻松愉快的经历，以自然不夸张的方式表达对食物的欣赏。

饭前便后要洗手

宝宝是不是没有饭前便后洗手的好习惯，或者在洗手的时候敷衍了事，以为手没脏就是很干净了？这些方法能帮助宝宝养成饭前洗手的好习惯。

告诉宝宝为什么要洗手

告诉宝宝洗手的道理，手接触外界难免带有细菌，这些细菌是看不见、摸不着的，人如果不将双手洗干净，手上的细菌就会随着食物进入肚子，宝宝就会因为吃进不干净的东西导致生病。

有条件的家长还可以带宝宝通过观察显微镜，认识人手上的细菌，帮助宝宝了解洗手的重要性。

提醒宝宝勤洗手、剪指甲

有的宝宝贪玩、性子急，不是忘记洗手就是不认真洗，家长应经常耐心地提醒宝宝洗手，不要因宝宝不愿意洗手而采取迁就的态度。要让宝宝做到得饭前便后勤洗手，在宝宝吃东西之前，在接触过血液、泪液、鼻涕、痰和唾液之后，在接触钱币之后或者在玩耍之后都要提醒宝宝反复洗手，保持清洁。

专家指导

定期提醒宝宝剪指甲，让宝宝懂得长指甲容易藏污垢。要选择适合宝宝用的指甲刀，在宝宝安静的时候剪，注意长度要适宜，以免伤及宝宝的手指。

教宝宝洗手的方法

家长应教给宝宝正确的洗手方法：先用水冲洗宝宝的手部，将手腕、手掌和手指充分浸湿后，用洗手液或香皂均匀涂抹，让手掌手背指缝等处沾满丰富的泡沫，然后再反复搓揉双手及腕部，最后再用流动的水冲干净，宝宝洗手的时间不应少于30秒。

给宝宝专用毛巾

给宝宝擦手的毛巾应该是宝宝专用的，这样做不仅是为了卫生，还有助于树立宝宝的自主意识。宝宝一般都非常重视自己的专用物品，也会千方百计地找机会使用这些物品，所以，如果为他准备一条漂亮的小毛巾，并强调说这是给他专用的，就像爸爸妈妈也有自己的专用毛巾一样，宝宝就会更加喜欢洗手了。另外，还需注意，要把这条毛巾和宝宝用的香皂固定放在宝宝能够得着的地方，以便宝宝自主洗手。

给宝宝做好榜样

每天和宝宝一起洗几次手，让宝宝觉得洗手确实是一件很重要的事。洗手时与宝宝一起哼唱一定长度的歌曲，如唱一遍"生日快乐歌"，大约就是10~15秒钟，一边唱歌，一边洗手，一举两得。

宝宝天生喜欢玩水，要使宝宝做到饭前洗手相对容易，只要家长带头坚持这么做，并在洗手时向宝宝说明，这是吃饭前必须做的事情，宝宝自然会跟着模仿。然而，有时宝宝会因为玩得高兴或者太饿了忘记洗手，此时，只需家长及时提醒就可以了，当然，这是在宝宝自己开始拿勺吃饭后才有的要求。

及时表扬

在宝宝养成饭前、便后洗手的习惯的过程中，适当地辅之以一定的奖惩也是一个十分有效的措施。在宝宝开始出现自觉洗手的行为时，家长一定要及时表扬，激励宝宝把这种好的行为坚持下去。

培养吃饭的好习惯

宝宝的成长需要的很多营养都需要通过饮食来摄取，从小培养宝宝好的饮食习惯是很重要的。如何培养宝宝的吃饭的好习惯？

选择宝宝喜欢的餐具

让宝宝自己选餐具。妈妈可以带着大一些的宝宝去选购餐具，让他置身于五彩斑斓的小碗、小勺的世界，让宝宝熟悉他的新朋友。而且，对于自己精挑细选的小碗，宝宝肯定会爱不释手，这样可以增加宝宝吃饭的兴趣。

创造温馨的吃饭气氛

吃饭前要让宝宝做好准备。妈妈先给宝宝洗干净小手，在端上饭菜的时候，妈妈要表现出对饭菜很感兴趣的样子，把这种情绪不经意间传递给宝宝。和全家人一起用餐，看到大家都津津有味地享受食物的美味，宝宝也会把注意力集中在吃饭上。

吃饭时不要分散宝宝的注意力。宝宝吃饭时，家人不要走来走去或吵吵闹闹，也尽量不要开电视，以免引起宝宝兴奋和注意力转移。吃饭时也不要将玩具等物品放置在宝宝够得着的地方，否则，宝宝能随手拿到玩具，注意力容易分散。

固定吃饭的时间和地点

不延长吃饭时间。宝宝的吃饭时间和大人一样，每餐吃20～30分钟，只要宝宝专心吃饭，这么长时间就足够了。对于喜欢边吃边玩的宝宝，妈妈要限制他的吃饭时间，时间一到，即使吃不完也要把饭菜拿走，让宝宝知道饭菜是过时不候的，要专时专用。

让宝宝期待和小勺小碗"约会"

稍大点儿的宝宝，妈妈可以带着宝宝一起清洗碗勺，然后，扶着宝宝的小手将属于他的碗勺放在固定的地方，然后让宝宝和这些小伙伴说"再见"，等下次吃饭时再和它们玩。这样，宝宝会很期待再次和小勺小碗游戏，吃饭时会乖乖的。

鼓励宝宝自己吃饭

宝宝在1岁左右时，有自己动手的强烈愿望，吃饭时常常有抢勺子的举动。如果宝宝想自己动手吃饭，就让宝宝好好享用吧。但宝宝精细动作还不协调，常常会弄撒饭菜。这时，妈妈一定要有耐心，不要多加干涉和指责，而应该鼓励宝宝自己吃饭。

巧妙利用宝宝的心理

逆反心理有奇效。爱边吃边玩的宝宝，多半是小脑袋灵活的"叛逆宝宝"，特别喜欢与父母对着干，越是让他坐着吃饭，他越要走来走去，动这摸那。妈妈可以利用这种逆反心理，有意地说："今天的饭真好吃，你要看电视就别吃喽。"这时，宝宝一定会很快坐下来大口大口地吃。

宝宝喜欢表扬和奖励。"宝宝今天吃得真快！""宝宝肯定能在20分钟内吃完，加油！"这些口头表扬对宝宝是很有用的，妈妈不妨试试。如果宝宝能坚持按时吃饭，妈妈还可以给些小奖励。

专家指导

把宝宝用餐的表现登在表上。在餐桌前贴一张表，如果宝宝吃饭不到处跑就在表上画一个五角星，20分钟之内吃完再贴个小红花，攒够一定数量就可以得到喜爱的玩具。

避免宝宝吃饭的误区

平时看着挺可爱的宝宝，一到吃饭时，什么毛病都来了。家长总是抱怨宝宝不懂事儿，其实，宝宝吃饭的毛病全是家长"用心培养"出来的。这些饭桌上的误区，一定要避开！

饭桌上训宝宝

调查显示：超过一半宝宝在餐桌上挨过父母的批评，好多家长平时工作忙很少能跟宝宝坐在一起，于是吃饭时就成了家长关心宝宝的重要时间，先问学习成绩，再问思想动态，然后就是滔滔不绝的说教，但饭桌上训宝宝坏处多。

吃无吃相

吃有吃相一直是我国的传统，但渐渐被很多家长忽略了这个问题。有的家长出于对小孩的宠爱，任其自由，吃起饭来毫无规矩。实际上这种行为对于小孩日后的行为习惯是有百害而无一利的。

喂养环境无关紧要

有的小孩吃饭时，周围的人七嘴八舌地聊天，使喂养人不能集中注意力喂宝宝，也不能与宝宝进行交流，宝宝的注意力很容易分散，对于宝宝来说是非常不好的一件事。

逼着宝宝吃饭

总想让宝宝多吃些，这是中国家长最普遍的想法，"多吃才能长大个儿"，"妈妈做这么好吃的饭你才吃那么一点，不行，再吃两口"，在这些饭桌上最常听到的配音声中，宝宝吃饭这件事渐渐变了味儿。小的时候追着喂，长大了又得逼着吃，搞得饭桌像是战场，一顿饭下来，家长累心又费力。

宝宝不肯吃饭怎么办

父母对于宝宝吃得少或几顿不吃非常焦虑，担心宝宝营养不够，长得不如别的小孩高大。如果宝宝不肯吃饭，妈妈可以用下面的方法解决：

1 家人以身作则，让宝宝了解吃东西和用餐礼仪的重要性。也许某段时间内，宝宝的表现不符合成人的要求，但只要持之以恒，宝宝自然会接受这些良好的行为模式。

2 良好的就餐和饮食习惯必须从小养成，在宝宝还不会走路时就固定餐桌、餐位，愉快进餐，长期坚持就会形成行为定式。

3 饭前避免剧烈运动，饭前运动剧烈，容易肚子疼。

4 安静进餐，不要边吃饭边玩，或者边看电视边吃饭。

5 如果宝宝实在不想吃，说明宝宝确实不饿，不要勉强，饿一两顿不会把宝宝饿坏，而勉强地逼迫宝宝吃却会使宝宝厌食。所以，尽量不要以强迫的手段让宝宝进食，而应该以鼓励或引导的方式让宝宝感到吃饭是一种享受。

6 用餐前尽量不要让宝宝吃零食，尤其是甜点心、巧克力、冰激凌等，使宝宝空着肚子等待吃饭，饥肠辘辘渴望吃饭。

7 花心思在菜色上做变化。在饮食均衡的条件下，父母可以用多种类的食物取代平日所吃单纯的米饭、面条。例如：有时以马铃薯当成主菜，再配上一些蔬菜，也能拥有一顿既营养又丰盛的餐点。

专家指导

吃饭增添趣味性。在喂宝宝吃饭时，加入一些轻松、活泼的语气，让吃饭不再只是吃饭而已，将吃饭时刻与方式变成有趣的事情。

吮吸手指要纠正

宝宝小时候会吮吸手指，长大后再吮吸手指就对成长发育不利，需要及时纠正。

早期吮吸手指有益

从2～3个月起就会看到婴儿爱把自己的手放在眼前晃动，双眼盯着看，当手碰到嘴边就出现吮吸动作了。这是这个时期的宝宝认识世界的一种独特方式。吸吮手指对于宝宝来说很重要，它使宝宝想起吃奶时的快乐，想起和妈妈的联系，吸吮让宝宝得到精神上的满足和安慰。

6月龄起要阻止吸手指

一般到八九月龄后，宝宝就不再吸吮手指了，它在宝宝成长过程中是过程性的。

健康宝宝多在六七月龄开始出牙，如果吮指这种习惯仍未停止，则吸手指处的牙就会萌出不足，而造成上下牙之间有一个指头大小空隙。此外，宝宝经常啃指甲过程中，由于不断地进行吮吸动作，两侧颊部收缩使牙齿排列形成弓状变窄，上前牙前突，同时由于手指的牵引，还可以引起下颌前突畸形。因此在宝宝六月龄后，如发现宝宝仍在吮指，要加以阻止。

1岁后吸手指要纠正

1岁以后如果还出现"吮吸手指"动作就要算作不良习惯，要设法加以纠正。到2～3岁以后，这种现象大大减少。如果偶然发现这种行为，或持

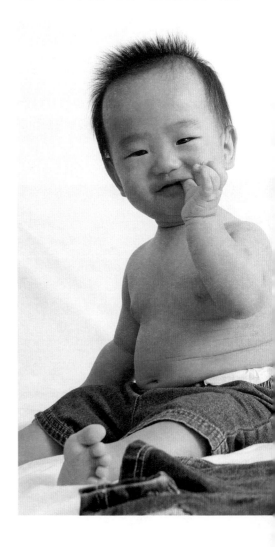

续时间不长，属于正常现象，随着年龄的增长会逐渐消失。但如果随着年龄的增长，宝宝依然吮吸手指玩乐，说明宝宝出现了行为上的偏移。如果宝宝这种不良行为得不到及时纠正，那么，这种不良行为就会固定下来，而形成顽固性的习惯。

纠正方法

如何纠正宝宝吮吸手指的行为呢？可以从以下几点做起：

1 从小养成良好的卫生习惯，不要让宝宝以吮吸手指来取乐，要耐心告诫宝宝，吮吸手指是不卫生的，会引起手指肿胀、疼痛，影响下凳骨的发育及牙齿变形。

2 每当宝宝吸手指时，应以严厉的目光注视宝宝，并以坚定的语气说："不行！"同时分散宝宝的注意力。当吸指行为有所减少，就要及时鼓励、表扬和奖励，采用这种"正强化"治疗，可有明显的效果。

3 对于已养成吮吸手指不良习惯的宝宝，应弄清楚造成这一不良习惯的原因，如果属于喂养方法不当，首先应纠正错误的喂养方法，克服不良的哺喂习惯。要培养宝宝有规律的进食习惯，做到定时定量，饥饱有节。

4 父母要耐心、冷静地纠正宝宝吮吸手指的行为。切忌简单粗暴，不要嘲笑、恐吓、打骂、训斥，更不要使用捆绑双臂或戴指套强制性的方法。这样做毫无效果，一有机会，宝宝就会更想吮吸手指，从而使吮吸手指的不良行为顽固化。

5 了解宝宝的需求是否得到满足。除了满足宝宝的生理需要（如饥渴、冷热、睡眠）外，要丰富宝宝的生活，给宝宝一些有趣味的玩具，让他们有更多的机会玩乐。

专家指导

让宝宝多到户外活动，和小伙伴们一起玩，使宝宝生活充实、生气勃勃。分散对固有习惯的注意，保持愉快活泼的生活情绪，使宝宝得到心理上的满足。

宝宝乱扔东西区别对待

　　爱扔东西是1～3岁宝宝的乐趣，似乎是他们的一种新技能。松开手指让东西掉下来需要精细动作技能，而要把这个东西扔出去，还需要相当棒的手眼协调能力。

　　游戏是由儿童心理特点决定的，对于1岁左右的宝宝而言，扔东西也只是其中一个与其心理发展水平正好吻合的游戏。

告诉宝宝什么是能扔的

　　如果很多东西都允许宝宝扔，甚至鼓励他扔，那么他就能更快地知道什么东西不能扔。球显然是最好的选择，泡沫塑料球的危险性最低，可以在家里多准备一些。让宝宝知道，只要在合适的时间、合适的地点扔合适的东西，扔东西完全没有问题。当他扔的是不适合的东西时，比如鞋子，只要平静地把鞋子拿开，告诉他"鞋子不能扔，球可以扔"，然后拿一个球让他玩就行了。

阻止扔有危险的东西

　　如果宝宝常常朝其他宝宝扔东西，有伤害别人的危险，每次都要用相同的方式来处理，因为宝宝是通过重复来学习的。下一次他再这么做的时候，告诉他："不行，那会很疼的。"然后迅速把他拉到一边，不让他玩，好让他明白什么是"不行"。另外，这样也有助于他过会儿再重新玩。

把玩具拴在宝宝的椅子上

宝宝坐在手推车或儿童汽车安全座椅里时，可以给他拴几个容易够着的玩意儿，用小段的绳子把玩具拴在上面，把长出的部分剪掉，这样就不会绕住宝宝的脖子了。他很快就会发现除了能把这些东西扔出去外，还能再把它们拽回来。这样做能让他获得双重乐趣，也能让妈妈省一半劲儿。

一起收拾残局

不要让宝宝把他扔出去的每件东西都捡回来，因为这项工作对这个年龄的宝宝来说太艰巨了。要蹲下来先自己捡，然后让他帮忙。可以说"看看我们俩捡这些积木多快啊"，或者说"你能帮我把黄色积木块都找到吗"。

做个好榜样

给宝宝树立好榜样，并不是说偶尔朝沙发扔个垫子都是绝对不允许的。事实上，可以利用平常在家里扔的东西告诉宝宝什么是能扔的，什么是不该扔的。下次宝宝再扔不该扔的东西时，可以带着他在家里转转，和他一起把袜子扔到洗衣筐里，把用过的纸巾扔进垃圾桶里，把玩具扔进玩具箱里，等等。

使用安全的儿童餐具

不要用漂亮的、容易打碎的瓷器喂宝宝吃饭。要尽量使用带吸盘的、能吸在桌子或儿童餐椅盘上的儿童餐具，这样宝宝就拿不起来了。不过也要小心，虽然这种设计可以很好地防止宝宝随手一抓就把碗盘丢到地上，但却无法阻止好奇的宝宝发现碗"粘住"了，而且决心掰下来。

专家指导

宝宝扔东西实际上是探索世界的一种方式，是大脑在进步的表现。家长最好不要对宝宝扔东西表现得过于紧张，只要控制宝宝扔的东西材质和扔东西的地方就行了。

让宝宝爱上阅读

阅读可以引导宝宝从口头语言向书面语言过渡，虽然大部分宝宝都喜欢翻翻互颜六色的图画书，但不一定每个宝宝都会阅读。要让宝宝学会阅读，还要从培养阅读的兴趣开始。要让宝宝发现读书是有趣的，应该如何去做呢？

创设良好的阅读环境

多带宝宝到阅读的场所，如书店、图书馆等。在家里要给宝宝准备一个书架，专门摆放宝宝的图书。当宝宝看到书架上那些色彩鲜艳、形象逼真、引人入胜的图书封面时，就会产生强烈的兴趣，并主动地把书拿下来看，要求父母讲给他听。正是在不断地看和听的过程中，阅读就会逐渐成为他生活中的一项重要内容，愈来愈喜欢看书。

给宝宝选择有趣味的书

比如那些有漂亮插图的、情节有趣的图书，宝宝们喜欢有人物、场景以及他们熟悉的事物的图画和照片，他们也喜欢动物图片。童话故事对宝宝们来说是很有魅力的。童话故事能促进宝宝的抽象思维和创造性思维能力。

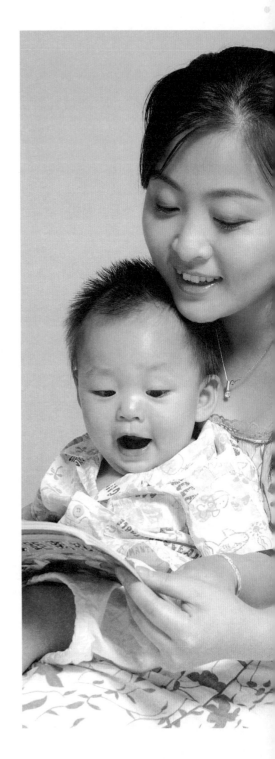

分享宝宝阅读的感受

当宝宝把自己所学的知识讲给你听时，不管他表达得是否具体和正确，你都要专注地聆听。当讲到你所不知道的事情时，你要从语言和表情上体现出你的惊喜和对宝宝由衷的欣赏，承认我们的无知，宝宝就会从我们的"无知"中找到自信和成功感。

多彩多样的亲子阅读

对于学龄前的宝宝，亲子阅读占有很重要的位置。在宝宝的眼里，念书不等同于阅读，他们更喜欢夸张的语气、惟妙惟肖的象声词、适时的肢体语言，所以，可以声情并茂地给宝宝讲故事。

注意亲子阅读中的互动。在讲故事的途中，突然停下来，给宝宝提个小问题，这样可以让宝宝参与到阅读中，也可以提高宝宝的注意力。鼓励宝宝根据文字和图画中的描绘的事物，猜测下一步将要发生什么或续编故事，这就是开放性问题，能激发宝宝动脑筋的积极性。当他们这样做时，家长要做宝宝的合作者。

当宝宝对阅读过的故事熟悉以后，引导宝宝来讲或表现故事。得到亲人的夸奖后，阅读的积极性会更高，而且还会为了不断有新故事而主动地去阅读新的图书。

宝宝就是宝宝，我们不能要求宝宝坐在那安安静静地长时间读书，多彩多样的读书形式才能让宝宝爱上阅读。

反复阅读

一本宝宝特别喜爱的书可以反复阅读。判断宝宝是否对某个问题有兴趣的最好方法是：看他是否常常谈到它，或看他是否多次去看这本书。这也指明了培养宝宝兴趣的一种方法：家长经常和宝宝一起做某些事情或和宝宝谈某些方面的事情，宝宝对这些方面就容易产生兴趣。

专家指导

在阅读中，也要求宝宝指给家长读，家长故意漏掉一些字，让宝宝自己读。当宝宝很有兴趣地读出书上的很多字时，他也会很有成就感。

宝宝的坏脾气要调教

几乎每家的宝宝都发过脾气。走进宝宝的内心，发现有时宝宝发脾气是希望引起父母的注意；有时发脾气是为了满足自己的需要；也有时是为了不经意触伤的小小自尊……不要懊恼地看待宝宝发脾气，亲子关系的建立正是在一次次这样的情绪对抗中不断地了解彼此：有时需要家长一个拥抱；有时需要理性的说教；有时需要短暂的不予理睬；有时需要注意力的转移……

细心的爸妈要发现宝宝发脾气的真正原因，何时妥协，何时坚持，何时说服教育，逐步帮助宝宝学会管理脾气、控制脾气才是真正的高手爸妈呢！

坚持原则

在处理宝宝发脾气的过程中，家长要坚持原则，若是宝宝错了，坚决不能妥协，不然日后发脾气就有可能成为宝宝的惯用方式。

了解真相

每一次宝宝的脾气都是有出处的，所以了解真相以后，家长才能有的放矢地"对症下药"。

专家指导

宝宝小，需要疼爱呵护，但切莫让溺爱过了头。宝宝小，犯错可以谅解，若是屡次纵容宝宝犯错，一旦变成了恶习，想要改正就难上加难了。

强化步骤

对于脾气很大的宝宝，我们可以按步骤分解大脾气，逐步增加要求，慢慢过渡。例如：先送回到宝宝房，不能玩玩具，3分钟定时器结束就不能发脾气了。

宣泄情绪的方法

告诉宝宝不高兴的时候可以唱歌，可以玩玩具，也可以告诉妈妈，妈妈会把不高兴赶走之类的话。

注意力转移

宝宝的思维水平还很低，当宝宝发脾气的时候，家长可以选择他最感兴趣的事情，立即转移注意力，待情绪稳定以后，再和宝宝讨论、说教。

积极鼓励

当宝宝知道自己错了，并愿意改正时，家长要积极鼓励，并在预知的可能发生的情况下，做积极的提示。例如：宝宝想买玩具一定会和妈妈好好说的，因为宝宝是个好宝宝，所以妈妈才会买给他。

正确表达

宝宝的语言表达不完善，有时会借助行动来表达意图，教会宝宝一些简单的表达。

案例分析法

当宝宝熟悉的小伙伴因不高兴而发脾气的时候，家长可以和宝宝讨论、分析，怎样做才能成为不发脾气，做让妈妈喜欢的宝宝呢？

耐心指导

改正一个习惯并非一朝一夕就可以做到，所以当意识到宝宝爱发脾气以后要耐心地引导，慢慢地改进。

拒绝无理要求

满足宝宝要求的同时会滋长宝宝的攀比心，别人有的东西我也要有，别人没有的我也要买来。等宝宝大了想拒绝过分的要求时，就会遭到宝宝的无理取闹。所以，从小就要给宝宝一个良好的开端，不要满足宝宝的无理要求。

榜样的作用

做一个好脾气的家长才会身体力行地影响宝宝，千万不要一边对宝宝说不能发脾气，一边却自己生气的时候发脾气摔东西。

不给买东西就哭闹怎么办

路过一家店门口，宝宝看上了喜欢的东西，步子就挪不动了，不买就不走。家长一开始还连哄带骗，但看宝宝不听劝，终于发火了，要么给宝宝做"规矩"："就是不能买。"于是，宝宝哭得稀里哗啦被"强行带走"；要么还是认输，气呼呼地掏腰包。

面对宝宝这样的"无理取闹"，到底该怎么办？

要冷处理

宝宝哭闹的时候，让他哭，发泄自己的坏情绪，别制止他，哭一会儿就解气了，而且也知道了哭是没有用的。家长必须认识到，如果宝宝大哭大闹就可以随心所欲，他就会经常使用这种手段来迫使家长同意自己的任何要求。所以，一旦你拒绝了宝宝的要求，你就得坚持你的立场。即使宝宝哭得十分伤心，你也要坚持自己的决定。

给宝宝选择的机会

宝宝哭闹后情绪会平静下来，家长可以和宝宝讲道理了。别直接就和宝宝说"不可以"，而是给宝宝一个

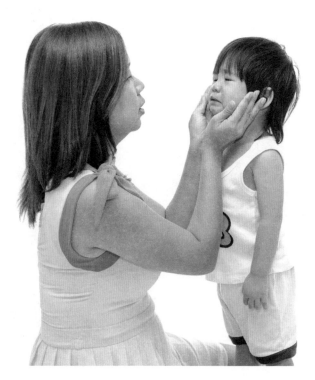

选择的权利，"买是可以的，你愿意是在过生日还是过春节的时候买呢？"这样一来，宝宝就会容易接受，而且还有一种期待的美好心理。"不行""不可以"这样的回答是属于"阻碍性的思维"，如果经常如此回答宝宝，会造成他们胆怯、懦弱的心理，今后碰到事情容易犹豫不决。

让宝宝明白购买的合理性

要让宝宝知道他想得到的东西是需要经过慎重考虑的，对于经济并不宽裕的父母来说，还存在着家庭是否能够负担得起的问题。此外，还必须让宝宝明白，有些东西是毫无价值的，根本没必要购买。让宝宝们理解这两点，将使他们在日后最终成为理智的消费者和自律节俭的人。

满足合理要求

如果宝宝要买的东西家里没有，或者宝宝期盼已久价格也不贵，宝宝要求的时候态度平静礼貌，那不妨满足，得到礼物的感觉很好是不是？只有宝宝哭闹不理智时，家长如上所述才会有好效果。

延迟满足

有时候宝宝想买什么，家长可以说，今天不行，以后可以考虑。延迟满足感，对宝宝来说很重要。如果以前买习惯了的，可以间隔着买，或者告诉宝宝，把钱存起来，买一个大一点他特别喜欢的玩具，这样，宝宝一般都能够接受。或者这样对宝宝说"不，今天不行，但我会考虑的"，回到家里，告诉宝宝"我考虑过那辆小汽车了，要等我下次发薪水才能给你买"。

提前预防

为防止宝宝买东西时哭闹，带宝宝去购物前先和宝宝讲好，可以买什么，不要买什么。宝宝这么大了，可以把宝宝当成大人来看待了，如果宝宝说买什么，不是之前答应给他买的，就告诉他，"你怎么可以说话不算数呢"，宝宝就不会买了。

作为大人，要多给宝宝的是选择性的思维，先支持他的观点，再设一些前提条件。这样宝宝不仅容易接受，而且他们也往往能够说到做到。

宝宝总要抱怎么办

许多宝宝因为总是要人抱着而挨骂，特别是当大人走路时他们坚决不肯走。

宝宝早期的走路并不是从甲地走到乙地的过程，而是遵循一种以大人为基地来回走的模式。宝宝要求大人抱他是因为直到3岁左右，那都是他可以维持与大人在一起的唯一方式。

如果不想抱宝宝，就需要尽量让他觉得走路或坐自己的小推车也同样有趣。

让宝宝坐小推车

如果让宝宝走在妈妈和小推车之间，妈妈的手在他的手两边一起推着车走，或者如果有一段安全的路，你们可以互相追赶，走路就会变得很有乐趣，也能感到安全。如果他的小推车是面朝妈妈坐的那种，给他唱歌、讲笑话、做鬼脸，或假装拉车的大马让他"赶"，坐小推车也能很好玩。

指定参照物

一个人抱着宝宝外出，累得走不动时，把宝宝放下来，自己先向前走几步，然后喊着宝宝过来，告诉宝宝赶上妈妈再抱，宝宝走，妈妈也走，宝宝始终赶不上妈妈。不知不觉中，

宝宝已经走了好多路，妈妈也得到了很好的休息。

还有，就是跟宝宝讲原则，可以跟宝宝指定前某一个有标志性的地点，等到达后妈妈再抱。宝宝就会非常开心地自觉走到指定地点，这样妈妈也可以得到休息，妈妈可以再抱宝宝一段，然后再引导宝宝走更多的路，慢慢地就锻炼宝宝自己走路了。

外出时带上宝宝喜欢的玩具

宝宝喜欢玩具是天性。如果妈妈出门时，给宝宝带他最喜欢的一个玩具，因为妈妈没有急事，不要太急于走路，可以跟宝宝边走边玩，宝宝开心地拿着自己喜欢的玩具，不知不觉中已经走了很多路，宝宝玩得开心，妈妈也轻松。

跟宝宝比赛

如果是大一点的宝宝，可以跟宝宝使用激将法。可以对宝宝说：我们比赛好不好，看我们谁跑得快？这样，宝宝相信自己是最棒的，就会很认真地跟妈妈比赛，妈妈也可以故意跑得慢一些，让宝宝感觉自己好棒好棒，很有成就感，就会一直跑下去。不知不觉中，又走了好多路。

给宝宝找个好榜样

如果宝宝出门想让妈妈抱时，妈妈可以对宝宝说："你看XX（宝宝认识的好朋友）多棒呀，出门也不让妈妈抱，真懂事。你也是个懂事的宝宝，也不让妈妈抱，对不对？"宝宝都喜欢夸奖，看妈妈这么一夸，顿时来了力气和勇气，自己便走在妈妈前面了。

能多抱就多抱

宝宝和成人一样，成长过程中有心理需求。宝宝的心理需求往往通过抚摸和拥抱来得以解决。如果有条件，最好多抱抱宝宝。宝宝总有一天会长大，不再需要妈妈的怀抱，好好享受把他拥在怀里的感觉吧，这样的日子也并不多哦！

专家指导

当宝宝要妈妈抱时，关键是妈妈一定要有一个好的态度，不要打骂宝宝，跟宝宝讲道理，多鼓励宝宝，宝宝会慢慢喜欢上自己走路的。

宝宝在家乱画需正确引导

宝宝喜欢乱涂乱画，让很多父母感到头疼。家里的门、墙、甚至床单上都会留下宝宝的"大作"。对于宝宝喜欢乱涂乱画的现象，家长要用正确的态度去引导，这样才不会让宝宝对画画失去兴趣，把宝宝刚萌芽的东西给磨灭了，宝宝对以后的一些兴趣也不再够大胆地去尝试，只要家长做好正确的引导工作，就能激发宝宝对画画的兴趣。

对于喜欢涂鸦的宝宝，父母该如何因势利导呢？

指明"涂鸦"空间

有些父母十分支持宝宝画画，对他们画画没有约束，这会传递给宝宝一个错误的信息：任何地方都可以画画，直接导致宝宝没有限制的乱涂乱画。父母要做的就是：给宝宝指明"涂鸦"的空间。为他们开辟一块属于他的地盘，在这块空间，可以任他乱涂乱画。还要明确告诉宝宝，除此之外的地方，如果乱涂乱画，就会受到惩罚，画得再好也不能得到表扬。

多准备画画的载体

父母及时提供给宝宝画画的纸和笔，可以给宝宝多准备一些可以画图的用品，如一块可反复擦拭的画板、旧本子、单面纸等。

可以在墙上贴些儿童画、幼儿故事画片等。让宝宝欣赏，既可以扩大宝宝知识面，又能教育宝宝不要在墙上乱涂乱画，只有画得好的画才可以贴在墙上。当宝宝认真画出了好的画，家长可以把它贴在墙上，激发宝宝对画画的兴趣。

带着宝宝多观察

父母可以在日常的生活中多引导宝宝注意观察，让他有更多不同的体验。看看日出，观察不同树叶的区别，看看小狗奔跑欢跳的动作会提高宝宝的观察力。与同龄宝宝多接触，一起游戏嬉闹，也会让宝宝有更丰富的生活体验。

教宝宝画画的技巧

先让宝宝掌握简单的画法，先启发宝宝观察个别简单的物体，逐渐教宝宝能画出象征性的图形，宝宝比较容易掌握画圆形，故一般指导画简单的物体时，应该从圆形开始，再逐步过渡到四角形、长方形。可以用游戏的形式教宝宝画点、画线、画圆圈，教宝宝顺着一个方向画螺旋线，锻炼宝宝的手腕肌肉。

对宝宝来说，掌握绘画技巧不是涂鸦的主要目的，所以父母不要以"像"或"不像"来简单评判宝宝的作品。要用一颗童心与宝宝一同观察和体验生活，时时鼓励宝宝用画笔来展现真实的所见所感，让涂鸦成为宝宝成长过程中的一份快乐时光。

鼓励宝宝画画

家长要有意识地在日常生活中引起宝宝对物体色彩的注意，培养他对颜色的兴趣，并喜欢使用不同颜色的蜡笔绘画。当家长看不明白宝宝画什么时，可以问问宝宝画的是什么？还想画些什么？尽管宝宝的画十分幼稚，甚至根本不像，家长都要给以必要的肯定和鼓励，并鼓励他再画。

专家指导

父母最好给宝宝准备安全无毒的画笔，环保画笔是用天然植物染料制成，即使宝宝误吃，影响也不会太大。

纠正咬指甲的坏习惯

咬手指甲是宝宝的一种本能行为，大多数婴儿都会有这样的行为。随着成长，这种行为是应该慢慢消失的，却有很多宝宝依旧还存在这种习惯。该怎么纠正宝宝的这种习惯呢？

不要制造紧张环境

在紧张环境里，宝宝在情绪不稳定的状态下，都会加剧宝宝咬手指甲。就像父母经常在宝宝面前吵架，打骂宝宝，这些行为都是不利于宝宝改掉咬手指甲的习惯的。

咬指甲反映了宝宝的一种心理情绪，例如紧张、抑郁、沮丧、自卑、敌对等状态，这是因为宝宝受到的关注不够或者缺乏安全感。家长要多给宝宝一些关爱，平时细心的观察宝宝，多给予宝宝一些心理上的关注，尽量消除造成宝宝紧张的因素。

涂抹苦味剂

在宝宝指甲上涂抹苦味剂，这样一是药水有消炎止痛的作用，可以防止宝宝手指甲感染，二是这种药水副作用小，而且味道较为苦涩，一旦他忍不住再咬时就会品尝到苦味的惩

罚。这样一段时间后，他就因为讨厌苦味而不再咬了。

注意力转移法

在宝宝有咬手指甲的行为的时候，去分散宝宝的注意力，引导宝宝的注意力在玩具上，或者在画画上，总之不要让宝宝的注意力集中在咬手指甲、吸吮手指上。

故意淡化

在看小宝宝有这种行为的时候，家长不要刻意去强调，对宝宝叫喊，这样，只会让宝宝的情绪更加紧张，反而不利于宝宝改掉吸吮手指、咬手指甲的习惯。在宝宝有这种行为的时候，可以适当地惩罚一下。

及时制止

当宝宝咬指甲时，父母应耐心地教他把手指慢慢地从嘴里移开，并用微笑、点头或夸奖的口吻表示赞允。此外，应给宝宝定期修剪指甲，防止指甲感染和表皮损伤。

以温和的方式让宝宝了解咬手指甲的害处，帮助宝宝自己产生改掉这个不良习惯的愿望。可以给他讲一些道理：指甲很脏，咬指甲会留下疤痕；还可以夸张地模仿宝宝咬指甲的动作，让宝宝在笑的同时，也明白这种行为不好、不文明。

避免打骂

在纠正宝宝这个不好的习惯时一定不要打骂和训斥他，这样宝宝会产生紧张、焦虑的情绪，只会加重这个行为，您可以对宝宝进行耐心地说服和鼓励，还可以多带宝宝参加一些集体活动，让他多和小朋友一起玩，这样可以转移宝宝的注意力，淡化宝宝的这个动作。

要有耐心

纠正宝宝咬指甲的不是一朝一夕就能见效的，矫正过程需要较长的时间，故家长不但自己要有信心，而且还要增强宝宝的信心。采取父母监督和宝宝自我监督相结合的方法，只要坚持一段时间，就能纠正咬指甲的坏习惯。

专家指导

如果宝宝听从劝告，能在一定时间内相对减少咬指甲的次数或不咬指甲，就及时表扬他，到约定的时间给他一定的奖励。

别让宝宝踢被子

宝宝的精力似乎永远都那么旺盛，即使在睡梦中也不消停。刚盖得好好的被子，一会儿工夫就翻到了身下。天气凉的时候，这样很容易着凉和感冒。要赶紧解决宝宝晚上踢被子的问题。

踢被原因及对策

1 大脑过度兴奋。宝宝正处于发育过程中，神经系统还发育不全，如果睡前神经受到干扰，易产生泛化现象，极易发生踢被子现象。

对策 消除兴奋因子。在睡前不要过分逗引宝宝，玩太兴奋的游戏，不要吓唬宝宝，不要让宝宝看剧情刺激的动画片。

2 睡觉不舒服。睡觉时如果被子盖得太厚，衣服穿得太多，宝宝容易闷热、出汗，就容易踢被子。其次环境不舒适也容易踢被子。

对策 减少睡眠负担。首先用透气性、柔软性、吸气性好的布料做衣服，被子不要盖得太厚，衣服不要穿得太多；其次注意卧室环境要安静、光线要昏暗；另外注意不要让宝宝睡

前吃得过饱。

3 睡眠习惯不好。如果把头蒙在被子里，或把手放在胸前睡觉，宝宝会因喘不上气来而踢被子。

对策 要让宝宝从小养成良好的睡眠习惯。妈妈要辛苦一点，夜里要不时地留意宝宝的睡姿。

4 宝宝生病了。佝偻病、蛲虫病、发热、小儿肺炎、出麻疹等，都会干扰宝宝睡眠。

对策 要定期给宝宝驱虫、体检，如果宝宝有了病症，要及时配合医生进行治疗。

防踢小妙招

1 被夹固定被子。被夹是一种带环套的夹子。用夹子夹住被子的角，将环套固定在床柱上，被子就不会被踢开了。

2 橡皮筋固定法。取4根橡皮筋，分别缝在被子的4个角上，缝制宽度与枕头相同，橡皮筋的另一端固定在床栏的适当位置。宝宝即使将被子踢开，被子也会因为松紧带的弹性作用，马上又恢复到原位，重新盖在宝宝身上。

3 开空调睡。晚上开空调睡觉，屋子暖和，宝宝就算踢被子也不怕。不过开空调会使屋子里空气太干，让宝宝

的皮肤变得很干燥，可以再开一个加湿器。

4 选择好睡袋。把宝宝装进睡袋就不用担心他踢被子了。建议妈妈们买那种袖子可拆卸的睡袋，可以随时改装成背心式睡袋，以适应各种睡眠习惯的宝宝使用。此外，别忘了检查领口看是否有细致的小护垫包住拉链，可避免拉链接触宝宝皮肤引起不适。

5 缝制好睡袋。爸爸妈妈们要是担心买的睡袋宝宝睡得不舒适，也可以自己缝制睡袋。

6 大被窝套小被窝。让宝宝睡在妈妈身边，为了避免不卫生，用一条小薄被子给宝宝准备一个小被窝，再盖上妈妈的大被子。和妈妈睡在一起，宝宝一有风吹草动，妈妈马上就能知道，照料起来很方便。

专家指导

宝宝的小脚露在外面，通常他踢被子的次数会大大减小。爸爸妈妈们不如索性让宝宝的小脚露在被子外面，睡觉的时候给宝宝穿上厚袜子，也就不会太冷了。

让宝宝自己收拾玩具

短短一分钟，宝宝就把一大箱玩具扔了一地，等他玩儿过了，就拍拍屁股走人，留下一堆玩具等别人来收拾。妈妈看到这种情况应该很头疼，当宝宝2岁时应该让他学着收拾玩具了。

如何让宝宝学会收拾

爸爸妈妈应该如何教会宝宝主动收拾自己的玩具，保持良好的收纳习惯？

1 别给宝宝买太多玩具。宝宝的玩具太多，他玩都玩不过来，还有精力和能力去收拾吗？

2 让宝宝懂得自己收拾玩具是美德。给宝宝讲完一个关于勤劳的故事，然后问宝宝，"爸爸妈妈每天上班，是不是很勤劳啊？"宝宝会说"是"。妈妈说宝宝要自己收拾玩具啊，这样会很勤劳。宝宝会乐意接受收拾玩具，剩下的就是妈妈要督导宝宝去做了。

3 教导宝宝管理玩具。宝宝眼中的玩具是有生命的，他可能每天都要给玩具小羊喂奶，给小熊洗澡、洗头。妈妈可以提醒他"你的玩具需不需要房子住呢"，宝宝一听就积极响应，把玩具都放进妈妈准备的箱子里。

4 让收拾变得有趣。和宝宝一起设计一个玩具休息区，让他觉得玩具到这里是来"充电"的，娃娃要睡觉了，小熊该吃饭了。收拾本身就成为游戏的一种延续。

5 鼓励宝宝交换玩具。玩具再好，玩久了也会腻，腻了就不珍惜。让宝宝和小朋友定时交换玩具，平时提醒宝宝要好好保管玩具。

宝宝玩具收纳宝典

宝宝的玩具越来越多，拼图、积木、绒毛娃娃等大小不一的玩具，除了往柜子里塞以外，还能怎么收？宝宝的成长很快，每个阶段都有不同喜好的玩具，如何收纳，往往成了父母最大的难题。想要宝宝养成收拾玩具的习惯，妈妈要制定收纳方案。

1 分类管理。宝宝的玩具基本可以划分为图书、毛绒玩具、电动玩具、积木拼图、塑料玩具等。妈妈可以根据宝宝的年龄特点做出不同安排，例如把图书全部收集在位置较矮的抽屉或书架里，方便宝宝随时自己拿来翻看；毛绒玩具可以摆在玩具架上，还能起到装饰作用。电动玩具需要在大人的监管下玩的玩具要放在宝宝够不着的位置，并告诉宝宝不要自己去拿。玩具积木拼图以及细小的塑料玩具，则推荐放在玩具盒里，避免丢失。

2 寻找合适的游戏地点。将玩具"散布"在家的多个地点要比集中摆放在一起好，比如可以放在汽车里或爷爷奶奶家中。这样更可以提高玩具的利用效率。

3 巧妙循环保持新鲜感。太多的玩具对宝宝来说是过度刺激，而且也容易养成宝宝不专心的习惯，没有办法达到预期的玩耍效果。建议不妨暂时收藏起一部分，然后每过几个礼拜再取出做一下"循环"。

专家指导

已经损坏的玩具或没有收纳价值的玩具，并且宝宝已经不再玩它们了，可以送人或者扔了，不要心疼，心疼只会让这些"垃圾"越来越多。

别让宝宝吃独食

有的宝宝往往独自吃自己喜欢的食物，他们会单独霸占，甚至不愿意给别人吃，不愿意分享，这并不是一件值得父母高兴的事情，因为这会促成宝宝形成自私的性格，作为父母，在看到宝宝有着这样的情况时，应该及时帮助他们纠正，让宝宝学会分享，学会贡献。

宝宝吃独食多与大人溺爱纵容有关，好的都让着宝宝吃，对宝宝百依百顺，于是便养成了宝宝不愿意与人分享的习惯。对于宝宝，说教是苍白无力的。从根本上来说，需要爸爸妈妈改善家庭教养方式，别再溺爱与纵容；同时，也要讲究方式与策略，才能成功。

以牙还牙

宝宝经常吃独食不是一个好习惯，所以爸爸妈妈可以给宝宝尝尝苦头。在吃饭的时候，妈妈故意说"这个东东好好吃啊"，做出吃独食的行为，让宝宝感受下没有食物吃的滋味。以其人之道还治其人之身，宝宝眼巴巴馋的感受会让宝宝明白，吃独

食是一种不好的行为，这样可以有效让宝宝改正这一缺点，主动分享食物。

鼓励分享

妈妈们可以做些爱心便餐，宝宝和其他小伙伴们一起玩耍的时候，将这些便餐分发给其他宝宝，这样，其他小伙伴们会非常的开心，同时你会发现宝宝也会因为分享而觉得开心，这种促进共同成长的方式可以让宝宝学会分享，避免吃独食。妈妈也可以在宝宝吃他最喜欢的食物时，鼓励他给妈妈也吃一口，而且还得表扬他。

吃饭礼让

吃饭时，要全家人到齐后再一起吃，不能让宝宝先上桌挑拣爱吃的东西。平时应让宝宝养成谦让的习惯。宝宝礼让时，被让人应说"谢谢"，让宝宝意识到他的行为是受到肯定的。即使被让人不吃，也要说明情况原因。如爸爸有虫牙，不能吃过甜的东西，奶奶牙不好，不能吃硬的东西等，以免让宝宝产生"反正他不会真吃，只需假装让"的心理。

适当惩戒

如果父母想改正宝宝吃独食的习惯，那么需要做出相应的奖惩措施。

当宝宝吃独食的时候，你可以惩罚他，不给他买零食，不给他买新玩具；如果宝宝主动分享食物，那么你可以适当地奖励他，给他继续买喜欢的食物吃，或者是带他出门买东西，这样的奖励可能会进一步促进宝宝主动和别人分享食物。

培养爱心

在宝宝小的时候，用爱来教育他是最好不过的。父母们可以让宝宝们体验爱心，这样有助于改善他们吃独食的情况。例如当爸爸妈妈下班回家休息的时候，可以让宝宝过来给父母倒杯水，或者是拿杯奶，让宝宝做一个爱心使者，使宝宝学会关爱他人，如此他们便会具有分享精神，并且富有爱心，不会吃独食，不会独占一些事物，更不会养成自私的心理。

专家指导

吃东西时，保证每个家庭成员都有份，即使为了保证宝宝的健康给他多一些，也要让他知道，这不是他的特权，别人需要时，也要有同样的权利。

宝宝不可暴饮暴食

有的宝宝遇到自己爱吃的食物，就吃个不停，到吃的肚子再也装不下去才肯罢休，遇到不喜欢吃的东西就只吃一点点或干脆不吃。暴饮暴食除了会导致宝宝肥胖外，还会影响大脑供血和宝宝的智力发育。怎么让宝宝避免暴饮暴食呢？

做健康饮食的榜样

家长对食物的态度，不管好的，还是坏的，都会传染给宝宝。如果你抱怨节食或觉得自己过于肥胖，宝宝就会知道，食物不是让自己健康的东西，而是需要对抗的敌人；在面对"你不能多吃"的巧克力蛋糕面前，宝宝偏要放开了吃！成人世界里过度痴迷节食，是儿童中出现越来越多饮食无度情况的原因之一。

让宝宝知道该吃什么

告诉宝宝什么可以吃，什么要尽量少吃。宝宝并不知道什么是应该吃的，什么是不应该吃的，因此需要父母为他建立健康的饮食习惯——越早越好。要多吃富含蛋白质、维生素和矿物质的食物，少吃高脂和高糖的食物，为宝宝提供均衡的营养。

排解宝宝的情绪

留心观察宝宝带着情绪吃东西的

情况。当宝宝猛吃东西时，要好好观察一下，看他是不是因为无聊、生气、伤心，看到他人吃东西而嘴馋，或希望引起你的注意而使劲吃。可以采用谈话或玩游戏的方式来帮助宝宝排解情绪。与宝宝交谈，弄清楚他的问题，而不要让他把食物当做解决问题的工具。

合理安排宝宝三餐

培养宝宝从小饮食均衡的好习惯，定时定量，每日三餐保证宝宝食物的摄入量。每顿饭尽量合理安排一些宝宝爱吃的食物，切忌把"美食"放在一餐里让宝宝享用。若遇到宝宝过分饥饿的情况，应安排为宝宝临时加餐，因为过强的饥饿感，往往会成为宝宝暴饮暴食的诱因。

不要用食物奖励宝宝

食物是用来提供营养的，而不是用来奖励正确行为，或安慰受伤的心灵的。不要把食物作为一种礼物或奖励提供给宝宝，这样会让宝宝认为除了填饱肚子，吃东西还有其他功能，而且宝宝会将提供食物与给予肯定、爱意等同起来。

转移注意力

与宝宝多沟通，转移宝宝的注意力，不要仅仅鼓励宝宝吃健康食品，同样也要表扬宝宝的美术作品、选择合适的衣服、收拾玩具等，这样才不会让他把注意力过多地放在吃东西上，也就不会暴饮暴食了。

不要在看电视时吃东西

不要让宝宝把吃东西和看电视联系起来。电视广告经常向宝宝提供垃圾食物的信息，因此应该少让宝宝看电视，尤其是在吃饭的时候。

不要取笑宝宝胖

如果宝宝比同龄人要胖，不要取笑宝宝，比如叫他"小胖猪"、"小馋猫"，这样只会让宝宝对自己"吃饱了，还要吃"的行为有罪恶感并感到羞愧。

专家指导

如果宝宝一直都暴饮暴食，要寻求专业帮助。应避免在没有医生的监督下，盲目减少宝宝的饭量。

让宝宝自己穿脱衣服

快2岁的宝宝要开始学习穿脱衣服了。父母在给宝宝穿脱衣服之时，应该要教宝宝认识自己身体的各个部位和衣服的各个部位，再逐步教宝宝自己穿脱衣服。

先让宝宝练习配合

父母在给宝宝穿衣服时，可以边做边教给他相关的动作，要求他配合，如"宝宝穿衣服，先伸这只手""穿裤子，先抬这条腿"。若宝宝能完全按照你的指示做，就要表扬他："嗯，好棒，宝宝已经知道要怎么穿衣服了。"宝宝就会很乐意地跟你配合，父母也可以让宝宝自己尝试，如让他学着解开衣服上的纽扣等。

逐步学习穿脱衣服

教宝宝学穿衣前，应先分析一下穿着各种衣物的难度，由浅入深。一般来说，脱比穿容易，套头的比开衫的容易，穿比实际尺码大一点的衣服、鞋子，也较容易练习。

实战演习，从脱开始，在父母的帮助下一步步完成练习。

每次穿衣服时，留下最后一个步骤让宝宝自己完成，这样可以让宝宝获得完成任务的成就感。

专家指导

学脱裤子时，宝宝一般都能把裤子直接拉下来，但还不会把裤子从脚上褪下来，妈妈可以先帮宝宝脱一条裤脚，另一条裤脚让他自己脱。

用娃娃练习

妈妈可以让宝宝从给布娃娃穿衣服开始练习，这样既能让宝宝熟悉穿衣服的步骤，也能培养他的动手能力。宝宝每完成一步都要适时地表扬他，如果做错了就耐心地给他一些提示，让他多练习，慢慢就能够学会了。

脱衣训练

在宝宝还没有意愿自己动手脱衣服时，会黏着大人，请求帮助。遇到这种情况，你不要很快就满足他的要求，试着鼓励他："让我们一起来试着自己脱脱看。"

如果宝宝拒绝你的帮助，自己想脱衣服，却脱不下来。你在一旁要为他打气："还差一点哦，做得真不错！"在他脱得困难的时候，稍微帮他一点忙。

当宝宝练习脱套头衫时，先帮宝

宝解开可能勾住他脖子或手腕的纽扣，教导他的手臂先从袖子里抽出来，再用双手从衣服里面撑开领子后，将衣服脱下。

在教导宝宝学会自己脱衣服的同时，也应该培养他折叠、整理衣服的习惯，不要让他将衣服随意丢弃。

穿衣训练

穿衣前，妈妈先教导宝宝分辨衣服的前后面。领子部分有标签的是后面，有缝衣线的是反面。

让宝宝练习穿套头衫时，先将衣服套在颈部，宝宝寻找袖管时，会发生前后颠倒的情形。妈妈要帮他将双臂伸到衣服外面，旋转衣服半圈再穿。妈妈也可以帮忙拿着一只衣袖，这样他就很容易将手伸进去。

学会了穿套头衫衣服后，接下来就要教他穿有纽扣的开前襟的衣服。妈妈和宝宝面对面，将扣子的一半塞进扣孔，让宝宝从扣孔里拉出来；先把最上面的扣子扣上，再从上往下一个个扣好。

在宝宝学会扣前襟纽扣之前，可以让他帮娃娃扣纽扣，这会使宝宝的指尖变得更为灵活。

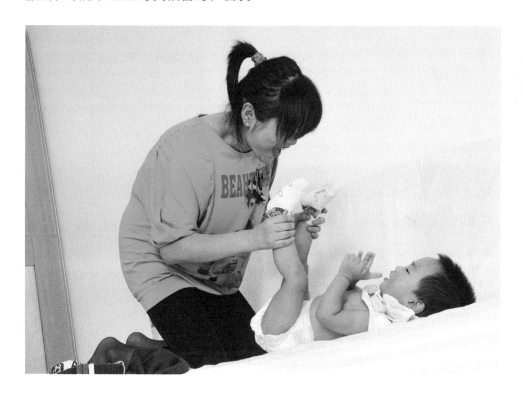

让宝宝自己洗澡

当宝宝长大一些的时候，爸爸妈妈不妨试着让他自己洗澡。

为何让宝宝自己洗澡

宝宝学会走路以后，就会显露出极强的自我意识，好像任何事他都想要尝试自己来，洗澡也不例外。这时的宝宝步履已稳，可以扶着墙壁或者其他的支撑物自己进出小浴盆或者小浴室了，也可以自己在盆中坐下、站起或者自己弯身抓取放在较远地方的肥皂、脸盆等东西，自理生活的技巧和责任心的养成，也从这时开始了。

宝宝多大自己洗澡

宝宝学会走路以后，一般在2岁时，如果有可能，妈妈可以尽量鼓励宝宝自己洗澡。两三岁的宝宝洗澡时，爸爸妈妈要坐在旁边陪着他，及时给予他指导和帮助。宝宝究竟何时能独立洗澡要取决于他坐着的水平、身体的协调能力以及他是否细心。

什么时间开始训练

因为给宝宝洗澡的室温要控制在25℃左右，所以最好选在夏天或者是秋天开始让宝宝学习洗澡。一天之中下午2点左右的气温为最高，适合宝宝洗澡。每次洗澡的时间以20～30分钟为宜。

洗澡前的准备

洗澡应在温暖无风的房间里进行，并应事先准备好一条干毛巾，在洗完澡后马上将宝宝包裹起来。在宝宝入水前，先调好水温，用手腕内侧或者肘部去感觉一下，洗澡水应当是温热而不烫的，温度设定在40℃～45℃之间。再给宝宝准备一块手握的软毛巾或者海绵，往洗澡盆里挤入沐浴液，一切就绪，就等宝宝登场了。

教宝宝洗澡的技巧

❶ 简单的指令指导宝宝。2岁的宝宝已经熟悉了自己的身体部位，也可以接受成人的指令做出相应的反应了。妈妈应该用很清晰的声音告诉宝宝，"头抬起来""洗洗脖子""站起来""洗屁屁了"，也可边洗手指，边唱儿歌，来增加宝宝洗澡的乐趣。

❷ 让宝宝觉得洗澡很有趣。在给宝宝洗澡时，可以让宝宝唱歌，做游戏，玩水上玩具。当宝宝成功地洗完一个部位后，你要进行检查，然后加以表扬，如"宝宝洗得真干净""宝宝洗得又白又香"。等宝宝长大一些时，可以让宝宝自己放沐浴液，或者是泡泡浴，让宝宝边玩泡泡边洗澡，这也为他以后学习游戏做了准备。

❸ 让宝宝边洗澡边认识身体。随着年龄的增长，宝宝必须逐步了解他身体的隐藏部位。父母要有意识地教宝宝像洗其他部位一样洗这些地方，当宝宝对这些地方有疑问时，父母要用正面的教育来回答宝宝，而不是含糊其辞或者是一味地回避。如果宝宝的自我保护意识很重，要尊重宝宝的想法。可以由同性给他洗澡，如爸爸给男宝宝洗，妈妈给女宝宝洗，单身父母的家庭可以让宝宝穿着游泳衣学习洗澡。

专家指导

在教宝宝洗澡时，大人一定要寸步不离地留在宝宝身边，例如要小心地防止肥皂水刺痛宝宝的眼睛，或是要把水的安全阀关上，以防宝宝把热水龙头拧开。可以对宝宝温柔地唱歌、讲话，鼓励宝宝拍水玩耍。

让宝宝早睡早起

早睡早起对宝宝的生长发育及智力发展都有重大影响。爸爸妈妈快快帮助宝宝调整好生物钟，养成早睡早起的好习惯吧。

"早睡"和"早起"，其实是一对好兄弟，所以，想要宝宝起得早，爸爸妈妈首先要在培养宝宝早睡这一习惯上下足工夫。

爸妈尽量做到早睡早起

或许您是很会享受"夜生活"的爸妈，但为了宝宝的管教与健康，尽可能以身作则地培养孩子健康的生活规律吧。

良好、安静的睡前活动

有些宝宝会因为白天玩得很"疯"或睡前泡了热水澡而变得不易入睡或睡不安稳。此时，爸妈不应催促宝宝"快睡！""闭上眼睛！"，这样一来，宝宝反而更睡不着。为宝宝安排一些安静、有趣的睡前活动，如温和地谈话、讲故事等，能使宝宝更顺利地进入梦乡！

用饮食规律来协助调整

饮食也会影响睡眠。如果晚餐吃得过饱或摄入热量过高的食物，宝宝会因肠胃不适而睡不着，或因精力异常充沛而不想睡觉。这样一来，第二

天早晨就会起得晚些。如此的恶性循环对于宝宝的健康十分不利，因此，爸妈和宝宝都要注重"早餐吃饱、午餐吃好、晚餐吃少"的原则。

晚归爸妈先安顿好宝宝入睡

不少爸妈工作繁忙、早出晚归，但在晚归之前，要先关照好家人帮忙照顾宝宝就寝，回家时也要注意别吵醒宝宝。

给宝宝安全感

爸妈并不一定要跟宝宝一起睡觉，但是宝宝入睡前的活动应有爸妈陪同，这样的情境比较容易让宝宝感到安全感。

白天让宝宝得到充分的运动

白天宝宝的运动量是否足够，也会直接影响到宝宝的睡眠。爸妈们或许会常见宝宝玩累了，不知不觉地睡去的情形，让宝宝在白天获得充分的运动，夜间的睡眠自然也会好些。

营造良好的睡眠环境

如果到了宝宝就寝的时间，屋里的灯还大开着，电视机闹哄哄地响着，不停地有人来回走动，宝宝当然睡不着了。所以，静谧的睡眠环境很重要。就寝时间一到就关灯，或者只留一盏小夜灯，再拉上窗帘，让房间变得安静而且光线昏暗，沉浸在这个环境中，宝宝就很容易犯困。时间久了，宝宝就知道，当屋子里安静下来，灯也关了，就是要睡觉了。

触觉唤醒

可以把手伸入宝宝的被子里，沿着宝宝的小脚往上轻轻点触。一边点、一边根据点到的部位念儿歌："宝宝的小脚丫醒了，宝宝的小腿醒了，宝宝的大腿也醒了……"但在冬季时做这个游戏的话，一定注意手的温度，过冷的手会刺激到宝宝，反而让宝宝感觉不适。

视觉唤醒

光线变化是最好的"自然闹钟"，拉开窗帘，让"太阳公公"照亮宝宝的双眼，美好的一天就开始啦！

闹钟每天都可选择一段清新、欢快的音乐，可以让宝宝在音乐中快乐地醒过来，并开始精神饱满的一天。

下篇／

启智

宝宝的成长是个奇妙的过程，小手由简单的触摸变得可以抓握细小的东西、做精细的动作，由慢慢翻身、爬行，到走路、自由地奔跑，由牙牙学语到说话变得流畅……宝宝的视觉、听觉、触觉、动作、思维能力、语言和社交能力、创造力、情感情绪等飞速发展。这个过程需要爸妈引导、启发，让宝宝变得健康又聪明。

PART 1

0~3个月宝宝启智方案

宝宝从爱睡觉的新生儿变得越来越活泼，吃饱了会睁着黑亮的眼睛追着看妈妈。小家伙吮吸手指的模样，看起来可爱极了！

宝宝的智能发育

宝宝3个月时，能看清几米远的物体，对伴有声音的、色彩鲜艳玩具最感兴趣，可追视物体。能安静地听轻快柔和的音乐；能辨别声音的方向，将头转向发出声音的地方。手能互握，会抓衣服，抓头发、脸；爱吮吸手指。能俯卧撑，俯卧床上时可用胳膊和手把身体支起1分钟；能自己翻身。嘴里常常发出一些简单的音调，如"噢"、"啊"等；用一系列容易辨别的叫声，来表达自己的感觉，引起爸爸妈妈的注意。宝宝有了自己的喜怒哀乐，吃饱就会发出笑声，看见生人就会哭；表情也越来越丰富。

视觉能力训练

1 宝宝1~2个月时喜欢看鲜艳的颜色，可以用一个红线球在离宝宝眼正上方25厘米左右处，向左右缓慢移动，边移动边轻轻转动红线球，宝宝的目光能跟着这红色球移动至侧方。

2 这个时候，宝宝颜色视觉能力已经接近成人了，对某些颜色情有独钟，如最喜欢红色，其次是黄色、绿色、橙色和蓝色。在训练宝宝颜色辨别能力时，要以这几种颜色为首选，依次训练宝宝的色觉能力。

3 在宝宝的房间多挂些色彩鲜艳的玩具，如彩色气球、大的毛绒玩具、带有响声的色彩鲜艳的手摇玩具等。每

宝宝要睡觉时给他唱催眠曲，爸爸妈妈尽量多一点时间与宝宝在一起，多与宝宝说说话，使宝宝的听觉有很好的发育。

动作能力训练

1 宝宝1个月时，家长可以把宝宝平放在床上，让他自由挥动拳头，看自己的手，玩手，吸吮手指，让他熟悉自己双手，初步掌握手指活动的控制。

2 宝宝2个月时，手部运动范围可以拓展，可以试着让宝宝做做下面的动作：

被动抓握

将摇铃棒的小棒放入宝宝手心，宝宝会马上抓住小棒；用手握住宝宝的小手，帮助他坚持握紧的动作，也可以让宝宝学习抓住父母的手指。

主动抓握

用松紧带把各种小玩具吊在宝宝床上方，帮助宝宝握吊起的东西，让宝宝小手抓握；还可让宝宝触摸不同质地的玩具，以促进感知觉的发育。

3 宝宝3个月时，可以训练宝宝俯卧抬头：让宝贝俯卧，大人在他的头部上方摇铃铛，鼓励宝宝跟着铃声抬头，让下颌短时间离床，双肩抬起。每天练习2～3次。

天抱宝宝到户外活动，让他多看看外界活动物体，促进宝宝视力的发育。

听觉能力训练

1 宝宝1～2个月时，给宝宝一个有声的环境，刺激宝宝听觉，如家人的正常活动会产生各种声音，走路声，室外传来的车声、人声；还可以多提供适当的听的刺激，如多和宝宝说说话，叫叫他的名字，给他唱唱儿歌、摇篮曲，或者用会发出悦耳动听声音的玩具逗逗他等。

2 宝宝3个月时，可吸引宝宝寻找前后左右不同方位、不同距离的发声源，以刺激宝宝方位觉能力的发展；

智力启蒙小·游戏

0~3个月宝宝的智力启蒙小·游戏很多，妈妈可以和宝宝一起做。

跳舞是个好办法

下午时分，当宝宝哭闹不停时，什么办法都不如和他一起跳舞管用。妈妈可以放上音乐，把宝宝放在背带里或把他抱在怀里跟他一起跳舞。

有的宝宝喜欢轻轻地摆来摆去，有的宝宝喜欢让妈妈抱着他在空中荡一荡，或者把他举起来用力悠一悠。要注意托好宝宝的颈部，不要猛烈摇晃他。如果胳膊举累了，就把宝宝放下来抱着他继续跳舞。

笨而夸张的动作，比如爵士舞手势或扭屁股，宝宝尤其喜欢。

家当展示

刚开始跟宝宝做游戏时，大部分时间是在给宝宝展示各种物品。家里的任何东西，只要没有毒、不会电到或伤到宝宝，都是不错的道具。宝宝最喜欢打蛋器、勺子、锅铲、搅拌工具、有图片的书或杂志、装洗发水的瓶子(但是别让他独自玩这些东西)、唱片、五颜六色的布或衣服、水果蔬菜等等。

把一些东西藏在身旁，把宝宝抱在身上。看准时机，像魔术师一样"变"出一个东西来。"看哪，宝宝，爸爸的自行车铃铛"，把东西举起来停在离宝宝脸约30厘米的地方，妈妈也盯着它看。嘿，看着它，这个小铃铛也挺有意思嘛。

专家指导

不要指望这么大一点的宝宝能真正"读懂"书。当妈妈拿出宝宝最喜欢的书时，宝宝会以自己的方式安静地、全神贯注地看，就知道宝宝沉浸其中了。

妈妈妈衣橱里的好东西

妈妈花了这么多年收集色彩艳丽、凸显身材、质地丰富的衣服填满衣橱并没有白费工夫。翻翻衣柜，给宝宝看看妈妈的羊绒衫、纯棉牛仔裤，还有漂亮的格子裙。将柔软或丝绸衣物轻轻地拂过宝宝脸蛋、小手小脚。把毛茸茸的东西铺到地上，把宝宝放在上面。

再过几个月，宝宝就会伸手去抓任何带有珠片、绣花或其他小装饰的东西了。不过，现在他只满足于好奇地盯着那些东西看。

拍打吊球

把吊挂玩具改成带铃铛的小球，妈妈扶宝宝的小手去拍击小球，球会前后摇摆并发出声音，吸引宝宝不断击打它。宝宝还不会估计距离，手的动作也欠灵活，经常拍空，好不容易击中，球又跑了，再想击中就十分困难。可再用球的摇摆和铃声吸引宝宝。每次玩时改变小球悬吊的位置，以免长时间注视形成对眼。练习拍击一个活动目标，可进一步练习手眼协调，为4～5个月时抓住吊起的玩具做准备。

用肘卧撑

宝宝俯卧，可移动的镜子摆在宝宝头侧，宝宝喜欢看镜中的自己，会努力把上身撑起。妈妈帮助宝宝把一侧肘部放好，宝宝会主动把另一侧也放好，使整个胸部都撑起来，扩大视野，而且宝宝会伸一只胳膊去取身旁的玩具。这同样是锻炼颈部、上肢和胸部肌肉，同时扩大视野，使宝宝能看到过去看不见的事物。

单肢遥控

宝宝仰卧，吊一个大花球在宝宝能看到的地方，拉一条绳子，一头系在球上，一头系在宝宝手腕。妈妈扶着宝宝的左手摇动，会牵动大花球上

的铃铛作响。妈妈松手让宝宝自己玩，宝宝会舞动四肢甚至晃动身体去使铃铛作响。宝宝发现挥动左臂铃铛会响后，妈妈给宝宝把轮子再换一只手绑，然后再轮流绑到左、右脚踝上。这是一种锻炼感觉统合和选择性专一的游戏。由看到听，到支配全身无选择运动，感觉统合过程，锻炼大脑专门指使选择肢体活动，对益智十分有用。

坐抱

妈妈左臂托着宝宝，让宝宝靠坐在妈妈的胸前，妈妈用右手取一些玩具让宝宝双手拿着玩，或托着宝宝坐在桌前，把玩具放在桌上，让宝宝用手去取或够，或推动桌上的惯性小车。通过这个游戏，可让宝宝学习坐的姿势，为以后练习拉手坐起打基础，宝宝坐起来后，可双手同时活动，为双手协作提供机会。

见人就笑

常抱宝宝到公园或人们休息散步的地方，妈妈同周围的人打招呼，也让宝宝接触生人。人们喜欢宝宝会逗宝宝，宝宝也会报以微笑。这是宝宝社会化训练的第一步：学会用笑同人打招呼。而从来不见生人的宝宝见人

就躲开，或者不敢正面看人，逐渐养成害羞的性格，没有招人喜欢的本领。要让宝宝学会主动招呼人，养成大方开朗的良好性格。

元音答话

妈妈经常同宝宝说话，使宝宝经常发出元音。两三个月的宝宝喜欢说双元音，或拉长一个元音，妈妈要用夸张的口形同宝宝说话，会使宝宝也发出声音同妈妈对话。宝宝自小喜欢喊叫是语言发育良好的开始，要鼓励宝宝说话，父母一边照料宝宝一边同他讲话就会激起宝宝与人对话的兴趣，宝宝独处时也会自己发声自娱。此时的发声是为以后早日学话做准备。

识别爸爸

爸爸要主动同宝宝玩耍，宝宝会感到父母是不同的，爸爸的胡须、气味、声音以及强健有力都与妈妈不同，多数宝宝都喜欢让爸爸抱，把自己举得高高的，有一些惊险但感觉非常有趣。尤其是男婴，更喜欢惊险刺激，喜欢爸爸豪爽的笑。宝宝开始觉

察辨别两个不同的人，一种是妈妈，一种是爸爸，都很爱自己。让宝宝体会母爱和父爱，使宝宝感到家庭的温暖，父母都爱护自己，自己属于家庭的一员，这种家庭观念会影响终生。

翻身90度

宝宝学会侧卧后，还会从侧卧翻到俯卧或仰卧，这种翻身几乎是无意的，是由身体重心的偏移决定的。3个月前后，宝宝自己能做90度翻身，或由仰卧到侧卧。妈妈也可用玩具逗引加上适当的帮助使宝宝翻身。让宝宝把翻身的动作由无意上升到有意，由身体重心偏移决定变为自主决定。

专家指导

一般3个月的小宝宝能从仰卧翻到侧卧，这时家长可训练宝宝翻身，如果宝宝有侧睡的习惯，学翻身比较容易。

踢蹬彩球

仰卧，踢吊在上方的大彩球或吹满气、内有小铃铛的大塑料袋。宝宝看见球在跳动，或听到声音会很兴奋，便努力蹬腿，屈伸膝盖，双腿上举或随球而动，从而欢欣鼓舞。这个游戏可以活动双腿，锻炼下肢肌肉。有时宝宝手和脚都能同时碰到球，下肢运动扩大到四肢和全身运动，可促进宝宝的肌肉发育和新陈代谢。

小勺喂食

用小勺子给宝宝喂水、喂钙剂，让宝宝学习吸食勺中流质。开始用小勺时，只需盛部分液体，将小勺伸进宝宝舌中部，把小勺略作倾斜，将液体倒入口腔，小勺子仍留在舌中部，接住其从咽部反流出来的液体。要连续两三次才能将口腔中液体全部吞下，之后再喂第2勺。宝宝习惯吸吮，常用吸吮的口形噘起，勺子难以进入，要等其小嘴全部张开，最好边哄边喂，说，"宝宝，把口张开"，并做张口动作让宝宝模仿，待张开后马上将勺子放入。经过反复练习，宝宝学会见勺张嘴就好喂多了，液体也较少出来。

专家指导

小宝宝的触觉非常发达，身体各个部位受到刺激都会做出反应，尤其是手掌手指、足掌足趾，妈妈要经常用自己的手为宝宝做抚摩。

触体感受

按压宝宝的背部、指关节，让宝宝感受压力的轻重、快慢，先轻后重，先快后慢，一边按压一边说"轻、重、快、慢"，使宝宝将声音与皮肤感觉联系起来，如果说到"重"时开始躲避，说明宝宝懂得了轻重的感觉与声音的联系。速度和压力能增加宝宝皮肤弹性和感知能力，增强宝宝的皮肤感觉，加上声音预示，使宝宝学会保护性防御。

荡小船

用一根长浴巾，爸爸妈妈分别抓住浴巾的一头左右两个角，让宝宝睡在长浴巾上，头高、脚底，让宝宝随毛巾左右摇摆起来。注意毛巾离地垫10～15厘米左右，要抓紧，摇动要慢，弧度不要太大。配合："摇啊摇，摇啊摇，摇到外婆桥，外婆叫我好宝宝。糖一包，果一包，又是花生又是糕。"念儿歌时看着宝宝的脸，表情尽量夸张一些，让宝宝注意你的表情。

坐坐跳跳

妈妈坐在地垫上，让宝宝面对面坐在自己的双脚上，妈妈利用膝关节的一伸一屈，让宝宝感受到一上一下，在伸屈膝关节时还可以适当的抖动，使宝宝有坐跳的感觉。妈妈看着宝宝的表情配合节奏念儿歌："坐坐跳跳宝宝笑笑，坐坐跳跳宝宝笑笑。"这个活动可以安定宝宝的情绪，同时可增进母子感情。

找妈妈

在宝宝仰卧或俯卧时，妈妈将脸靠近宝宝，最好水平方向面对面，距离30厘米左右，在宝宝看到自己后，再用手将自己的脸遮起来，对宝宝说："妈妈不见了，妈妈在哪里？"当宝宝陷入沉思时，突然将手拿开，让自己的脸露出来。反复几次，在宝宝注意妈妈脸的变化时，告诉宝宝："妈妈在这儿，这里。"这个游戏可以启发宝宝的记忆和注意。

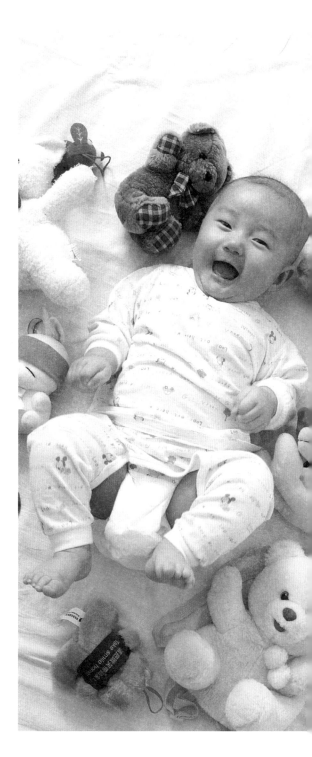

PART 2

4～6个月宝宝启智方案

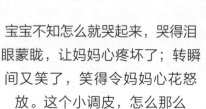

宝宝不知怎么就哭起来，哭得泪眼蒙眬，让妈妈心疼坏了；转瞬间又笑了，笑得令妈妈心花怒放。这个小调皮，怎么那么爱抓东西呢！

宝宝的智能发育

宝宝6个月时，只要是在眼前的东西，不管是什么伸手就抓，并且还会两只小手同时抓；还不会用手指尖捏东西，只能用手掌和全部手指生硬地抓东西；虽然宝宝的手还不大会驱动手指，但已经能够自由地使用双手了，并且手、眼、口已经配合得比较自如了。把宝宝放在床上，宝宝会很快地从仰卧位翻到侧卧位，又从侧卧位翻到俯卧位。只要不是在睡觉，嘴里就一刻不停地"说着"。宝宝高兴时会笑，受惊或心情不好时会哭，而且情绪变化快，刚才还哭得极其投入，转眼间又笑得忘乎所以。宝宝对外人亲切的微笑和话语也能报以微笑，看到严肃的表情时，就会不安地扎在妈妈的怀里不敢看。

动作能力训练

当宝宝发育成长到4～6个月这阶段的时候，爸妈就要注重宝宝的动作能力培养了。

1 俯卧支撑练习。让宝宝俯卧，将宝宝的两臂屈肘于胸前，进行鼓励和诱导；将宝宝的头、前胸抬高，直至能用一只手支撑身体抬起头、胸。这样用左右手轮流支撑训练，训练次数不确定，根据宝宝的情绪来训练，每次数分钟。

2 靠坐练习。对于5个月左右的宝宝就可以进行靠坐训练了。将宝宝放在

有扶手的沙发上或有靠背的小椅子上或在宝宝身后放些枕头、棉被让他练习靠坐，以后逐渐减少宝宝靠垫的东西，每日1~2次，每次2~3分钟。

社交能力训练

父母平常应多花时间促进宝宝对外在世界的认知，不能等到问题出现时，才去想解决之道。经验的累积，能让宝宝在自然的情况下面对周围的世界，父母应主动扮演好引导者的角色，让宝宝一步步进入这个陌生的世界。

宝宝6个月左右就可以记住自己熟悉的人了。这时爸爸或妈妈在抱他的时候就可以有意识地伸手对宝宝说："抱一抱。"引逗宝宝也伸出手让爸爸妈妈抱。也可以几个人同时站在宝宝的面前伸手向他示意，看他投向谁的怀抱。这时候要经常表扬他，并且他让谁抱时，一定要及时把他抱过来，不要只是逗引他，否则就会影响他以后伸手要抱的反应。

妈妈对着仰卧在床上的宝宝，用手拍住自己的脸，然后突然把手放下，再捂住宝宝的脸。稍稍停留后突然把手放下，一边放手一边说："看见了！"引逗宝宝发出咯咯的笑声。通过练习，训练宝宝分辨面部表情，培养社交行为能力。

如果因宝宝认生而减少出门的机会，对宝宝的发展反而没有帮助。家长可以先让宝宝从熟悉住家附近的环境开始，每次出门时跟宝宝介绍周围的环境，让他慢慢地熟悉外在世界，不要一开始就带宝宝到人声嘈杂的地方，如此会给宝宝造成不必要的压力。

专家指导

如果亲友要抱宝宝，他因认生而出现抗拒的肢体语言，家长不要勉强宝宝，可以跟对方说："他现在可能不太喜欢，我们稍微缓一下再让你抱他。"

语言能力训练

4个月时，宝宝便进入了新的语言发展阶段——咿呀学语期。这一阶段里，宝宝将开始"说出"一些非常像语言的声音，如"ba ba ba""ma ma ma"等。从而真正进入了学说话的阶段。

用语言刺激宝宝

给宝宝穿衣、喂食和洗澡时，一定要坚持跟他谈话。成人在说话时要运用不同的语调，声音要像唱歌一样委婉动听，最好伴随有不同的手势。运用不同手势时说出的词和声调要始终如一，这样他才能辨认并学会这些词。如，离开的时候，挥挥手并冲着宝宝说："宝宝，再——见——！再——见——！"这种拉长的声调、词语和手势就深深地印在宝宝的脑海里，久而久之他就明白了，这就是在跟他道别。

有很多家长不大愿意跟宝宝这样唠唠叨叨，认为宝宝现在既然什么都不懂。为什么有的宝宝说话晚而有的说话却很早？其中除了遗传的原因外，更主要的还是取决于家长是不是很早就给宝宝以足够的语言刺激。

以微笑回应宝宝

在宝宝获得语言的过程中，父母扮演着非常重要的角色。宝宝总是把父母的语言和对他的关心、亲热、喂

乳联结在一起。他喜欢模仿那些他亲爱的人的语言。

研究证明，如果父母对宝宝每次发出的语音都报以微笑和爱抚的话，那么他的咿呀学语里发出的语音就会显著增多，学习语言的速度也就会明显加快。

轮流说话

选择宝宝高兴或者是休闲的时候，把他抱在怀里，轻轻地叫他的名字，并向他微笑。当他也向你微笑时，你就跟他做"轮流说话"的游戏。你先像唱歌一样说出"da da da da da"，然后当他也跟你说出"da da da da da"时，你就立刻重复一遍。如此反复，你和宝宝就这样你来我往地"轮流说话"。反复几遍以后，改变自己的反应，比如帮他挠痒痒或者是吻他的鼻子或者是轻轻地吹拂他的脸。这会使他感到非常愉快的！

让宝宝先说

当你跟宝宝玩了一段时间的"轮流说话"的游戏以后，你可以给宝宝一些机会让他先说。

你可以让他躺在地毯上，你坐在他身边。然后看他是不是想用一些方法来吸引你的注意力，如用尖叫、发出语音或者是挥手等方法。如果一旦他采用这些方法来吸引你的注意力，你就马上重复他的动作或者用声音来"回答"他，然后你等着他再次重复这些动作或声音。每当他发出动作或声音，你就立刻重复一遍。通过这种游戏，你的宝宝将很快学会用动作或声音来对你"发号施令"。这需要你稍作等待并假装不看他，让他来主动吸引你。

由于宝宝天生气质的不同，在这过程中不同的宝宝会有不同的反应。至于你的宝宝是什么反应，就需要你来观察了。

这种"轮流说话"的游戏对宝宝的语言发展有着非常重要的促进作用。经过这种训练的宝宝，将来是一个很会与人交谈的人。

智力启蒙小·游戏

随着月龄的增加，宝宝的运动机能和智力都有所发展，其游戏范围更加开阔，游戏内容更加丰富，在游戏中锻炼了身体，增长了知识，获得了快乐。

滑滑梯

爸爸坐在椅子上，双腿自然垂放，略向前伸，妈妈将宝宝抱放在爸爸的膝盖上，爸爸用双手扶住宝宝腋下。爸爸放松膝盖，慢漫将宝宝往下放，用双臂的力量帮助宝宝向下运动，并对宝宝说："滑滑梯喽。"妈妈在下面张开怀抱，迎接宝宝，当宝宝滑下的时候，把宝宝抱住。这个游戏让爸爸妈妈都参与进来，营造了和谐、融洽、快乐的家庭环境，对宝宝的社交行为能力发展非常重要，能使宝宝产生安全感，并学会与人互助互爱，宽容待人。

玩具传手

给宝宝一个圆柱形的玩具，大小宝宝能握住，妈妈再给一个玩具，送给同一只手，宝宝可能会将手中的玩具扔掉再拿另一个，家长要教宝宝换手拿新的，换手时让宝宝两只手靠近，将玩具送给另一只手。换好后再将新的玩具给宝宝，练习换手的动作，训练手的配合和手的灵活性。

多彩的太阳光

用洗脸盆盛半盆清水，将一放大镜放于脸盆中，镜面对着阳光，镜面反射的光投射到白色的墙壁上，就会在墙上看见美丽的七色彩虹。在阳光下吹肥皂泡，可看到肥皂泡表面有美丽的七彩颜色。这个游戏可以让宝宝感知彩虹的形成。

和小朋友拉拉手

在和小朋友玩时，家长有意抱着宝宝去和其他的小朋友拉拉手，让他们互相对看，告诉宝宝看到的是谁。也可以把宝宝抱到花园里，和其他的小朋友认识，拉拉手，打招呼。"你好，我叫XX。"还可以让宝宝去拉拉玩具的手，"你好，洋娃娃"，锻炼宝宝的认知、交往能力。

夹花生

准备一个小瓶、一双筷子和一堆花生米，让宝宝用筷子夹花生米放入小瓶中，可以让小朋友们比赛或与父母比赛进行，看谁夹得快。这个游戏可以培养宝宝手眼协调能力，让宝宝集中注意力。

翻滚打转

在平坦的地垫上，宝宝先仰卧，用一件有声有色的玩具吸引宝宝注意，吸引宝宝的视线，引导从仰卧变侧卧在俯卧，再从俯卧变侧卧、仰卧。宝宝如果翻滚困了，也可以用浴巾裹住宝宝帮助宝宝翻滚。打转时家长用玩具做引诱，改变位置，让宝宝以腹部为支点，四肢腾空，上肢在够玩具时，下肢也随之摇动，身体开始打转。翻滚打转训练宝宝全身肌肉运动，训练运动协调性。

学学袋鼠跳

在地垫上，大人双手抓宝宝腋下，让宝宝光脚着地用力蹬，大人可以有节奏地顺着宝宝蹬脚动作向前推进。一边推进一边说，"宝宝学袋鼠跳，跳跳跳"，以强劲下肢肌肉接受触觉刺激。

专家指导

配合游戏，可以给宝宝一些玩具。魔方、积木都是适合宝宝玩的益智小玩具。宝宝在堆积木的过程中，需要集中注意力，需要动脑筋思考，可以锻炼发育。

独立玩耍

每天家长都要拉拉宝宝小手，让宝宝从仰卧状态坐起来，用枕头之类垫在宝宝背部腰部，让宝宝坐稳。在宝宝的前面放一些平时喜欢的玩具，让其自己去玩，玩的时间可以在5分钟左右，每天2～3次，在宝宝没兴趣时，可用调换玩具的办法来吸引。也可以在宝宝拿玩具时移走后面的靠垫，看宝宝是否能坐稳。这样可以锻炼宝宝头颈、腰背的肌肉。

虫虫飞

父母可拉住宝宝的小手，让手指放松，训练宝宝食指和食指去碰，一边碰一边说："虫虫飞，虫虫飞，飞到南山喝露水，露水没喝到，回来吃青草。"每天几次，培养宝宝言语听觉和愉快情绪，同时让宝宝手指分开独立完成活动。

筐中、杯中取物

用小塑料筐装上玩具，让宝宝手伸进筐内取出玩具，还可以用一个大杯子让宝宝从有一定深度的杯子里去取出玩具。注意玩具先要让宝宝看见，然后放在宝宝面前的筐里和杯子里，让宝宝通过努力才能拿到。放置

的玩具从大到小，注意安全，防止玩具进口，训练宝宝解决问题的能力。

抵足爬、提拉爬

在宝宝能翻身自如的情况下，让宝宝俯卧，可试着用玩具在前面逗，然后用双手抵住足掌，让其往前移动。也可以将长浴巾折成15～20厘米宽，穿过宝宝腹下，提起长浴巾，靠长浴巾托起宝宝的腹部，让宝宝的四肢着地，向前缓慢接近玩具，训练爬行的动作。

抓抓放放

将小饼干或红枣放在碗里，让宝宝去抓，开始可多放一些，随意去抓，慢慢减少，让宝宝准确地去抓。训练宝宝将抓到的东西放下，让宝宝无意识地松手到有意识地放下，培养宝宝的手脑协调和手的灵活性以及拿取物体的准确性。

看看这里有什么

教宝宝认识自己家中或活动室中各种生活用品。一边认一边和宝宝说："这是时钟，嘀嘀嗒嗒。这是桌子，宝宝的饭摆在桌子上，这是小凳子，宝宝坐着和妈妈玩的，这时小床，宝宝睡觉的。这是大皮球，这是滑滑梯，这是海洋球房子……"还可包括认识一些玩具用品，训练宝宝的认识能力和语言听觉。

大跟头

在室内地毯或是室外松软的草坪上，仰面躺下膝盖抬起。让宝宝脸朝着你坐在你的肚皮上，背向后靠在你膝盖上。用你的双手扶稳宝宝，左右晃动。嘴里念着儿歌："小胖子，靠墙坐，晃晃悠悠，跌到了……"说到"跌到了"时，把你的膝盖倒向身体一侧，并且整个身子转过去，让宝宝滑落到地上（你的手要托住他，不能让他直接掉下去）。和宝宝一起蜷缩在地上，说完剩下的歌词："东一块，西一片，怎么把他拼起来？"当你说到"拼起来"的时候，轻快地挠一下宝宝，然后帮助他回到你的肚皮上，再来一遍。

专家指导

到该摔跟头的时候，妈妈可以在儿歌的节奏中加入各种意想不到的动作，这样就能给宝宝制造些小惊奇了。

用积木发声

给宝宝两块积木，让他一手拿一块，然后相互撞击，发出声响。开始的时候，你可以抚着宝宝的双手，教他撞击。这样，你可以控制撞击的力度，让宝宝感受到，用力撞击时，发出的声响会大些；用力小的时候，声响也会变小。拿积木撞击可以锻炼小肌肉的力量，撞击时发出的声响可以有效地刺激听觉。

神奇有趣的泡泡

泡泡是有些神奇的，这个阶段你的宝宝已经可以看到足够远，能够注视着这些泡泡了。你可以在宝宝等公共汽车等得不耐烦时给他吹泡泡，这时你就会看到他不哭了。你也可以在公园里吹泡泡，把大一点的宝宝吸引过来在周围欢呼雀跃，这也会让你的宝宝很开心。傍晚时，宝宝开始变得焦躁，就在给他洗澡时吹泡泡，或者带他到阳台上吹泡泡。这个游戏花不了多少钱，方便携带，却能让宝宝无限向往。

调味品，好味道

当你在厨房忙东忙西做饭时，如果宝宝哭了起来，就把他抱到调味品架子前，给他闻闻桂皮醉人的香气。擦一些在你的手上，给宝宝闻闻，但注意不要弄到他的眼睛或嘴里。如果宝宝喜欢，可以再给他闻其他的东西：让宝宝闻香菜、薄荷、孜然、丁香、陈皮等，宝宝可能爱闻、散发迷人香气的芳草和调味品。

我要抓住你啦

你的宝宝现在已经足够大，会期待了。对于你要抱他、亲他或抓痒痒的"威胁"，没有宝宝能够抵抗。你可以这么说："嘿，宝宝！我看到你坐起来了哦！这下你离我的嘴更近喽。妈妈要过来亲你啦，我来啦！我来啦！""哈，抓到你啦！"然后给你的宝宝一个带响声的亲吻。等宝宝再大些，还可以把这个游戏扩展到在屋里屋外的追逐嬉戏。

专家指导

一些日用品也是带有香味的，比如爸爸的须后乳液、妈妈的护手霜。可以给宝宝闻任何好闻的东西——只是注意别让他吃了！

镜前游戏

抱宝宝到镜子前，让宝宝对镜中人笑，用手去摸镜中的自己；看到镜中人装模作样，宝宝会伸手到镜子后面，寻找躲在里面的人。宝宝在镜子前面会十分活跃，会对着镜子蹦跳。从镜中会发现爸爸进来了，或者奶奶进来了，宝宝有时会把头伸向镜子，头碰上了就大声笑，或者大声叫喊。经常让宝宝在镜前活动，让宝宝通过镜子探索新奇的事物，做出不同的表情。

宝宝经常照镜子能使表情丰富，并为以后认识五官做好准备。

骑马唱歌

把宝宝抱在膝上，面向前方，妈妈双手扶稳宝宝，让宝宝有骑在马上的感觉，一面唱着儿歌一面用腿按节拍上下抖动：骑大马，骑大马；上高山，跨过河；咯噔咯噔，跨过河！

宝宝很喜欢这种有韵律的游戏，练习几次后，当听到"咯噔咯噔"时，身体便会做好准备，一听到"跨过河"时，会自动向高处一跃，配合妈妈的动作。

PART 3

7~9个月宝宝启智方案

小可爱能站啦，不乐意一直坐在那里玩，还想到处走走呢，越来越不安分了。小手指还特别爱抠小洞洞，甚至拿着画册撕着玩。

宝宝的智能发育

宝宝9个月时，手的动作更灵活，能将玩具从一只手传到另一只手，喜欢撕纸玩，喜欢用手指到处摸、捅、挠。宝宝有了一定的模仿能力，学着模仿人。能连续翻身；不需要爸爸妈妈的扶持就可以能够独自坐稳；把宝宝放到床栏边，宝宝能扶着围栏自己站起来，甚至把小腿抬起来试着迈步。把宝宝放到床上时，宝宝就会"不安分"地手脚并用，企图往前爬行，如果妈妈用手顶着宝宝的小脚丫，宝宝会爬出很远。会发"da、da"、"ma、ma"音，但并不指具体的人或事物。开始能听懂成人说话，表现出对人或物的爱憎。

语言能力训练

在对宝宝说话时，一定要配合一定的动作，同样的话一定要配合同样的动作。这样坚持下来，宝宝将会很快学会语言。比如，你可以指着墙上的灯对宝宝说："看灯，这是灯。"宝宝正是通过反复地听你说话和看你的手势来学习语言的。

宝宝在单独说话时或者与你或与别人谈话时，能迅速促进语言能力的发展。因此，你要让宝宝多说说话。如果你的宝宝少言寡语或者是不爱说话，你应该多和他说话，想办法和他多玩一些语言游戏。

生活自理能力训练

饮食

以奶类（母乳加牛奶）为主，逐渐增加辅食。三餐二点，夜间可停喂。训练宝宝扶杯子喝水、用勺进食、用手拿饼干吃。进食定时、定点。循序渐进添加辅食，耐心尝试，不强迫进食。

睡眠

培养独自入睡习惯（独间或独床）。定时睡眠，有良好的睡姿。每日睡眠3～4次，白天睡2～3次，每次1.5～2小时，夜间睡7～9小时。做到不哄、不拍、不抱、不摇、不嘴里叼东西、不陪。睡前做好清洁卫生。夜间宝宝不醒，可以不换尿布，不喂食。若夜间把尿或喂食尽量不要和宝宝说话，不要逗引他。夜间护理不开亮灯。

大小便

训练坐盆大小便，每次不超过5分钟。注意不吃东西、不玩耍、不强迫坐盆，要有固定的时间、固定的姿势、固定的地方、固定的便盆、固定的嘘声。

培养社交能力

创造条件让宝宝多与小朋友接触、交往。创造条件让宝宝在妈妈在场的情况下，能与生人接触。培养宝宝懂礼貌，教宝宝能用微笑、注视、发音、手势打招呼。建立语言与动作的联系，如：欢迎、再见、要、不等，逐渐能用手指出物品和人。

熟练穿衣程序

给宝宝穿衣时，可以告诉宝宝要"伸手""抬脚""抬头"等，然后每天重复，并且边帮宝宝穿衣边说，这样宝宝就会渐渐地掌握穿衣服的这种程序。

记忆能力训练

婴儿认人、记物都得益于印象记忆。所谓印象记忆，就是无须分析、不必理解地记住各种事物，形象、声音、行为、习惯，都能囫囵吞枣地吸

入脑海，就像摄像机和录音机一样，把形象和音响机械印刻在脑海中。这是生命最初几年内熟悉环境，适应环境的本能行为。

根据宝宝的兴趣爱好和发展水平，有意识地进行一些强化练习，可以提高宝宝的记忆力，比如以下的方法：

重复印象

为使要记住的事物在宝宝头脑里形成深刻、清晰的印象，让他一遍又一遍反复地听或诵读，这是一种简便易行、行之有效的记忆方法；宝宝很多时候愿意重复，比如反复听同一个故事，多次到一个游乐场所游戏，在活动过程中加以必要的引导，如让他讲故事，让他指路、背着说出游乐器械的特点等，可以强化记忆。

明确目的

指出让宝宝记忆事物之后的结果，可以提高宝宝记忆联系的积极性；比如告诉他仔细观察一辆汽车，记住它的样子，回家就能把它画出来；或者练习讲一个小故事，就能讲给其他小朋友听，记忆的效果会更好。

多感官参与

在认识事物时，让宝宝尽可能动用多个感官共同参与，可以使他的头脑中留下的印象更全面、更清晰，有助于记忆内容准确、保持时间延长。比如背唐诗，让他能边听边说、边看着图、还能用手指一指。

归类记忆

当记忆材料较多时，引导宝宝把材料进行分类和概括，帮助宝宝在理解记忆内容的过程中进行逻辑记忆，可以使记忆深刻，巩固学到的知识。比如，给宝宝几张物体的图片，让他看几分钟，拿走图片，说出看到的图片内容，宝宝一般能说得较准确，即记忆清楚。而如果图片较多，宝宝会逐渐发现图片内容间的关系，对它们进行比较、分类，在进行概括之后再进行识记，比如把图片内容分别划为"衣服""家具""交通工具"等，再记忆不同类别中的具体事物。

游戏活动

记忆游戏的内容、以游戏的方式记忆某些事物，是发展宝宝记忆力的重要方法。家庭中，妈妈可以自编很多亲子游戏活动，在轻松快乐的亲子同乐中锻炼宝宝的记忆力。比如用实物或图片让宝宝看一看、想一想"什么东西没有了？""哪一种变多了？"，和宝宝轮流讲一个故事的不同段落，比赛背诗歌接龙中间不停顿等等；不拘时间、场地，随时可以进行。

应用巩固

让宝宝记忆知识、经验，一定要给他机会，鼓励他应用到生活活动中，以求"熟能生巧"，结果宝宝会加深有关知识经验的印象和理解，提高记忆效果。

专家指导

只要反复接触的事物，婴儿就有极强的、大得惊人的印象记忆力。爸妈不必在乎宝宝"懂不懂"，而是要不断地重复和不断地进行刺激，宝宝便会通过"印象"记忆学会很多知识。

智力启蒙·小游戏

宝宝哪儿去了

让宝宝面对你坐在地板上，把一块软而干净的布放在他的头上，问："宝宝哪儿去了？宝宝哪儿去了？"也许，一开始宝宝会很高兴地拉下"盖头"并发出尖叫。如果他不这样的话，你就替他揭开头布并自言自语道："宝宝在哪儿？噢，宝宝原来在这儿！你在这儿！"接下来你把"盖头"放在自己的头上，问他："妈妈在哪儿？"你应该鼓励他拽下"盖头"。如果他这样做了，就表扬他说："啊哈！你找到了！妈妈就在这儿！"

唤名游戏

让宝宝坐在地板上，你站在离他左边3米远的地方，手里拿着新颖的玩具或是能发出声音的东西，然后反复叫他的名字，直到他扭头注意你。当他看着你时，你就摇摇手中的玩具并且冲他微笑。接着你转到他的背后或者是右边3米远的地方，重复上述游戏。看看当你叫他名字时他是怎样扭头或扭身看你的。

洗澡玩水

给宝宝洗过头后让他在盆里坐着，给他一只吹气小鸭子边洗边玩。洗完澡后，大人握着宝宝的两只胳膊

或一人扶着宝宝腋下，一人握着宝宝的双脚，边拍打水边念儿歌："小小鸭子嘎嘎叫，走起路来摇呀摇，一摇摇到小河里，高高兴兴洗个澡。"让宝宝了解水，发展感知能力，培养愉快的情绪。

指认物体

可以带着宝宝四处走走，边玩边教他认识一些日常生活用品，以便为他在下一个阶段正式说出话而准备好"语言素材"。你可以指着房间里的灯对他说："灯！这是灯！宝宝记住，这是灯！"指着床对他说："宝宝记住，这是床！睡觉用的床！"等等。总之，你可以教他认识他周围比较重要而又常见的各种事物。慢慢你会发现，他能记住其中的一些东西了。

该吃饭了

如果你的宝宝这一阶段开始吃母乳替代品的话，则最好在喂食的时候跟他说一些高兴的话，如："宝宝看，看勺子，勺子来了。张嘴。嗯，真好！尝尝，这是什么好吃的？嗯，真好吃。"喂食时切忌过快或过于频繁，也不要强迫宝宝吃饭。

拍拍手、点点头

与宝宝对坐，先握住他的两只小手，边对拍边对宝宝说"拍拍手"。然后不要握他的手，你边拍手边有节奏地说"拍拍手"，要教他模仿。这个游戏可以训练宝宝理解语言与模仿的能力。

你好、再见

他每次醒来的时候，你都主动向他打招呼，一边握手，一边对他说："嘿！宝宝好！你好！你醒了！"反复几次后，他口中也会喃喃有声，好像也在跟你说"你好"但却说不清楚。你每次离开房间时，都可以跟他一边挥手一边说："再见！再见宝宝！"如果你和他与别人道别时，可以帮着他和别人挥手说"再见"。

专家指导

如果你经常这样做的话，你就会发现，很快他就学会了用这些手势和人打招呼、说再见。也许，他还能学会跟人说"你好""再见"呢！

戴帽子

准备各种各样的帽子，如小布帽、毛绒帽、军帽、皮帽、太阳帽、纸帽等。把宝宝抱在大镜子前给他戴上一顶帽子说："帽子。"玩一会儿后，把帽子摘掉再戴上另一顶，然后说"帽子"。以此类推，逐渐使宝宝明白尽管这些东西大小、形状、颜色不同，但都是帽子，可以戴在头上。这个游戏可以让宝宝理解语言，促使思维萌芽，形成概念。

讲故事，看反应

宝宝睡觉前，妈妈给宝宝讲故事，用一本有彩图、情节和一两句话的故事书给宝宝朗读，开始时可以把着宝宝的小手边读边指图中的事物，你会发现宝宝的表情会随着书中的情节发生变化。一个故事可以反复地念，声音越来越小，直至宝宝完全入睡。

听故事是宝宝发展语言和理解事物的好办法，会越听懂得越多。以后边讲边问时，宝宝会用手指去指图中的事物回答问题。

看图讲故事

妈妈可选择一些构图简单、色彩鲜艳、故事情节单一、内容有趣的图画书。打开书，给宝宝讲内容，同的图画，念出物品，动物的名称，如这是小白兔，这是小青蛙。如果宝宝偶尔指着书上的某一图画，一定要把名称告诉他。讲故事要轻言细语，语调

要清晰缓慢。如果宝宝实在不肯和妈妈一道看画册，听故事，妈妈也不必急躁，可过段时间再试试。培养宝宝爱听故事，对图书感兴趣的习惯。

敲打铃鼓

妈妈用手指敲打手鼓或者用筷子敲打空罐头盒发出响亮的声音，会引起宝宝的兴趣，并学着用手或用筷子去敲打。这些声音是宝宝喜欢听的，用不同的动作使不同的玩具发出声音，如果在玩小鼓时配上音乐，宝宝可以按节拍同妈妈一起敲打。

通过敲敲打打可锻炼手的技巧，宝宝要用手或小棍敲中鼓面才能发出声音。宝宝通过听音乐可以改进自己打鼓的技巧，使手、眼、耳互相协调。

配合穿衣

在给宝宝穿衣时，妈妈告诉宝宝"伸手""抬脚""抬头"等。每天这样做，这样说，宝宝逐渐学会这种程序，妈妈不必开口，宝宝就会伸出手让人穿上衣袖，伸头套上领口，伸腿穿上裤子。宝宝学会主动地按次序做相应动作，以配合妈妈穿衣服，为将来更主动地自己穿衣做准备。

小手，小脚

用手摇摆宝宝的小手、小脚，用手挠挠他们的手心和脚心，引导宝宝注意自己的手脚。在镜子面前，让宝宝看看自己的小手、小脚，告诉他，这是宝宝的手、这是宝宝的脚。让宝宝做一些拍手，抬腿的动作，引导他观察镜中的映象。打开宝宝的手掌，依次轻轻按下拇指，食指……，并念儿歌：大拇哥，二拇哥，三中娘，四小弟，五小妞妞爱看戏。训练宝宝认识小手、小脚是意识身体的开始。

专家指导

引导宝宝注意自己的四肢，发展自我意识。通过念儿歌给予宝宝语言刺激。增加亲子之间的情感交流。

摇啊摇

准备一把大靠背椅，让宝宝面对椅背坐好，两腿从椅背下面的空当伸出，双手把住椅背两边。家长扶住椅背，以椅背两条后腿为交叉点，前后摇动椅子，边摇边唱儿歌《摇到外婆桥》，摇啊摇，摇到外婆桥，外婆见了笑哈哈，糖一包，果一包，又有团又有糕。

在游戏过程中，家长应注意观察宝宝的反应，宝宝如果胆小，家长应放缓摇椅子的节奏，并鼓励宝宝勇敢一些。培养宝宝的勇敢精神和愉快的情绪。

追赶游戏

取一个宝宝喜欢的玩具，在上面系一根绳子，把玩具放在宝宝面前，吸引他的注意。慢慢拉动玩具，让它离宝宝越来越远，直到宝宝用手够不着为止。鼓励宝宝爬过来抓住玩具。

成人不要过快地拉动玩具，使宝宝总也爬不到，失去游戏的兴趣。只要宝宝能爬几步妈妈就可以停下来，让宝宝抓住玩具，同时要表扬宝宝，宝宝真能干。这个游戏可激发宝宝的进取精神，促进宝宝爬行能力的发展。

自己吃

准备一些小饼干、盘子、杯子和勺子。把饼干放在盘子里，鼓励宝宝自己用手拿饼干吃。教宝宝用杯子喝水。由成人扶着杯子过渡到宝宝一起扶着杯子。在碗里面盛上半碗爆米

花，给宝宝一把勺子让他先拿着勺柄玩，然后慢慢教他持勺舀米花。这个游戏可培养宝宝自我服务能力。

模仿发音

爸爸妈妈可每天多次用夸张的口形对宝宝说"爸爸""妈妈"，并每天在各种场景下让宝宝叫"爸爸""妈妈"。每个宝宝学会叫爸爸妈妈的时间并不相同，大多数宝宝懂话在先，开口在后，通过模仿父母的口型，练习咽喉肌肉的协调性，对发音和说话很有帮助。

取和放

把积木放在脸盆或筐里，妈妈和宝宝一起坐在地上，妈妈把积木从盆里取出来，说"拿出来"，宝宝也会跟着学习。然后妈妈把积木捡起来，慢慢将手松开，说"放进去"，积木掉进盆内发出声音，让宝宝跟着学习。宝宝从乱扔之后慢慢学会轻轻地松手，听积木掉进盆内的声音。这个游戏锻炼松手拿东西，是锻炼前臂背侧肌群的协调运动。

捡小东西

在白色餐巾纸上放几小片馒头，妈妈先捡起一片放进嘴里，说"真好吃"，宝宝也会用手去捡，如果用手掌不能拿到，宝宝会学习妈妈的样子，用食指和拇指去捏。这个游戏可练习宝宝用食指和拇指摄取细小物件的能力。

用勺盛食

喂食辅食时拿一个塑料或铁质的小勺，让宝宝自己在碗中搅动，有时宝宝自己也能把食物盛入勺中并送入口中。要鼓励宝宝自己动手吃东西，宝宝从8个月起学会拿勺子，到1周岁时可以自己拿勺吃几勺饭，在15～18个月时就能完全独立吃饭了。

专家指导

宝宝刚开始学自己东西时，妈妈要有耐心，不要因为宝宝稚拙和添乱就坚持喂宝宝剥夺他学习的好机会。

PART 4

10~12个月 宝宝启智 方案

教宝宝学走路好累啊！宝宝会走了，妈妈心里甜丝丝的，很有成就感。特别是听到宝宝叫"妈妈""爸爸"时，开心极了！

宝宝的智能发育

宝宝12个月时，能用食指指向自己所要的物品；能将爆米花大小的东西放进小瓶；开始偏向使用某只手；会捏有响的玩具；无论玩具换几个地方都能在最后藏着的地方找到；会试用新方法玩儿玩具，如搭积木推倒后，换一个样子再搭；全掌握笔、画笔道。宝宝已经会走了，扶一只手可以走；喜欢爬到沙发上或椅子上玩儿。除爸爸、妈妈外，会说4~6个字；会看着爸爸妈妈叫；能用目光或手指向成人询问的物品；向他要东西知道给。爱与父母做躲猫猫游戏；想得到父母表扬，讨父母喜欢；怕黑和打雷声；会配合穿脱衣服；会自己用杯子喝水。

动作能力训练

10个月以后，宝宝能站得比较稳了，扶着东西先会横着走，然后会向前走。应教会宝宝扶着东西先弯腿、

弯腰，然后再慢慢坐下。

宝宝学会走了，摇摇晃晃，向前走几步会停下来回头看看妈妈。独自走出人生的第一步，既兴奋又有些不安。这时应用眼神给宝宝以支持，鼓励他：宝宝走得好，妈妈在看着你呢！当宝宝摔倒在地，对宝宝说："宝宝勇敢，没关系，自己爬起来！"

可以让宝宝把玩具从箱子里一件件拿出来，再放进去；可以让宝宝打开瓶盖；胡乱涂画，锻炼宝宝的精细动作能力，不仅促进手、眼、脑的协调发展，而且增强宝宝认知能力。

语言能力训练

10～12个月的宝宝将说出第一个真正有意义的词"妈妈"。爸爸妈妈要加强对宝宝语言能力训练。

家庭语言环境比较丰富的婴儿，开始说话的时间要比一般婴儿早得多而且质量要好得多。如果在给宝宝或宝宝想要什么东西时都先告诉他"这是什么"，同时每次父母和宝宝在一起时都告诉他"正在做什么""玩什么"，那么，宝宝语言能力的发展会有惊人的进步。

当宝宝试着学习一种新语音时，一定要及时给他以鼓励。如，鼓掌欢迎、拍手叫好甚至亲亲他、拍拍他的

小脑袋。这种热情的鼓励使他很快受到鼓舞并且明白：哦，原来我这样做会使妈妈感到很高兴，那我就这样做吧！

社交能力训练

10～12个月的宝宝各方面都有了很大发展，爸妈要根据宝宝情况培养社交能力。

在日常生活中引导宝宝主动与人说话和模仿发音，积极为宝宝创造良好的交际环境。要让宝宝主动谢人问好"您好""谢谢"等。还要鼓励宝宝模仿大人的表情和声音，当模仿成功时，爸爸妈妈要亲亲宝宝，并做出高兴的表情去鼓励一下。

宝宝在这个时期已经具备一定的活动能力，有与人交往的社会需求和强烈的好奇心。因此，这时爸爸妈妈应每天抽出一定时间和宝宝一起做游戏，进行情感交流。

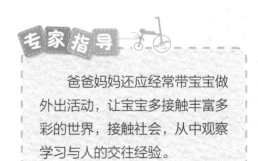

专家指导

爸爸妈妈还应经常带宝宝做外出活动，让宝宝多接触丰富多彩的世界，接触社会，从中观察学习与人的交往经验。

智力启蒙小·游戏

不倒翁

宝宝站在大人两腿之间,大人坐在矮凳子上,让宝宝面朝大人的左侧;大人说:"推呀,推呀,不倒翁!"用左手向右推宝宝,大人的手在宝宝前面;因为宝宝有所防备能够站直;大人再说"推呀,推呀,不倒翁"时用右手在宝宝后面推,看宝宝能否站直;以后游戏越来越快,推的方向也可以变成前后左右。这个游戏让宝宝学习维持直立平衡,对学走路十分有利。

听儿歌做动作

大人念儿歌:"找啊,找啊,找朋友,你是我的好朋友,敬个礼,握个手,你是我的好朋友。"大人一面唱,一面同宝宝做动作,宝宝很快就能学会儿歌;当大人唱"找啊,找啊"时招手,唱"找朋友"时同对方拥抱;唱"你是我的"时先指你,后指我自己;唱"好朋友"时伸手拥抱宝宝,唱"敬个礼"时用右手敬礼;唱"握个手"时与宝宝握手,唱"你是我的好朋友"时先指你后指我,然

后拥抱。这个游戏可使宝宝的身体语言更加丰富。

握笔涂鸦

妈妈给宝宝一只蜡笔，让宝宝在旧报纸上乱画；先教宝宝用右手三个手指拿稳蜡笔，用左手压着报纸，放心乱画；当宝宝偶尔会画出一条长线，妈妈要及时表扬鼓励宝宝；妈妈可以给宝宝准备一些大张的废纸，因为宝宝左右手不能配合，会画在桌子上。这个游戏增进手脑协调的能力。

上台阶

宝宝刚会走就要上台阶，让宝宝一手扶栏杆，另一只手由大人牵着；宝宝站在下面先迈一条腿跨上一级台阶，然后另一条腿也迈上这级台阶；待身体完全站稳后，再伸腿迈上另一级台阶，又再两腿站稳；上台阶是高空平衡的练习，每登上一级台阶，都要鼓励宝宝。这个游戏可练习宝宝独立行走的能力。

坐飞机

爸爸把宝宝举高高，然后把宝宝放在肩上，宝宝双脚夹住爸爸的脖子；爸爸拉稳宝宝的两只小脚，让宝宝双手扶住爸爸的头部；爸爸说："扶好啦！开飞机啦！"爸爸先弯下身体走几步，然后慢慢伸直；让宝宝感受到从低到高的变化，爸爸一面说："呼、呼"一面小跑；爸爸一会儿弯腰，一会儿倾向右侧，宝宝感到"坐飞机"真好玩！这个游戏使宝宝的身体平衡得到锻炼，又增进了亲子关系，使全家人都快乐。

剥纸包

妈妈当着宝宝的面，用一张纸把宝宝的积木抱起来递给宝宝；宝宝知道积木在纸包里，会拿着纸包来回看，甚至把纸包扔到地上；如果积木还在里面，宝宝会用手指在纸包四周捏、抠，将纸缝挑开，再用手剥；最后终于把积木找出来；妈妈再用纸包一个小环，把纸包递给宝宝，这次宝宝很快就用食指去抠开纸缝，拿出小环。这个游戏可锻炼宝宝手指的灵活性。

专家指导

当宝宝掌握了打开纸包的方法，以后就会自己打开包糖果的纸，宝宝的手指越来越能干了。

学数数

宝宝最容易学会数数是在上台阶时；当宝宝踏上一级台阶就数"1"，踏上第二级台阶就数"2"，踏上第三级台阶就数"3"；平时，宝宝做操时，爸爸妈妈也可以数数"1234，2234，3234，4234"；个别宝宝在上第四级台阶时会数到4。这个游戏可让宝宝练习认知能力，为以后学数学打下基础。

方的和圆的

妈妈给宝宝两块方形的积木，一个塑料球。教宝宝把一块积木搭在另一块上，再试着把塑料球搭在第二块积木上，宝宝尝试几次，但塑料球总是掉下来，滚到一边去了。这时，妈妈再给宝宝一块方形积木，让宝宝搭上去，这次没有掉下，宝宝成功了。妈妈给宝宝一根小棒和一只小皮球。看看宝宝是否知道用小棒推着皮球滚动。然后拿走皮球，给宝宝换来另一样东西，看宝宝是否会用小棒推着易拉罐滚动。这个游戏可训练宝宝的观察力、手指的灵活性。

认图片

先拿出几个宝宝已认识的实物，比如杯子、苹果、香蕉等。再拿出上

述实物的图片，让宝宝对比着看。例如，让宝宝一手拿苹果，另一手拿画有苹果的图片；一手拿杯子，另一手则拿画有杯子的图片。对比着让宝宝观察学习，让宝宝很快就明白图片代表实物。在宝宝认识了4～5张图片后，妈妈可将这些画片藏在其他图片中，让宝宝从这些图片中找出他所熟悉的几张。宝宝一找出来，即对宝宝加以赞扬和鼓励。这个游戏可训练宝宝的观察力，让宝宝学会观察实物与图片。

倒出放进

妈妈当着宝宝的面把积木倒出来，又装进去。第二遍，让宝宝和家长一起玩。即家长和宝宝一起把倒出的积木又装进去。还可以把衣服夹子放进瓶子里，把柔软的动物玩具放进篮子里，把玩具汽车装进盒子里，把布娃娃的衣服放进衣袋里……这些都可进行放进放出的游戏。但是不要选择太小的玩具，以防宝宝误入口中，发生伤害事故。这个游戏可锻炼宝宝的手眼。

鞋子游戏

宝宝早晨起床，妈妈给宝宝穿好衣服后，给宝宝穿鞋子。妈妈故意给宝宝穿错鞋子，让宝宝走路。宝宝很容易就发现这个错误。那么这时，妈妈就可以多拿几双鞋子放在宝宝面前，让宝宝找出自己的鞋。宝宝找对了，妈妈要给予宝宝表扬，提高宝宝的兴趣。宝宝找不出来，妈妈可提醒宝宝，让宝宝从大小上去思考。这个游戏可训练宝宝的观察力，让宝宝通过观察区分大与小。

学动物叫

大人拿出图片同宝宝一起学，如拿起猫的图片说："喵、喵"；拿起狗的图片说："汪、汪"，拿起小鸭的图片说"嘎、嘎"；让宝宝练习一会儿，然后大人随便拿起一幅图片，请宝宝学动物叫。这个游戏可以练习发音，锻炼宝宝的语言能力。

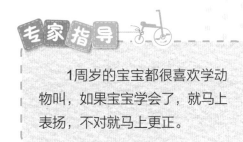

专家指导

1周岁的宝宝都很喜欢学动物叫，如果宝宝学会了，就马上表扬，不对就马上更正。

盖盖子

准备几个带盖子的杯子或几个带盖子的碗，注意要选择大小不同的杯子。在每个杯子里放上不同的小玩具，以吸引宝宝，游戏开始时，爸爸先做揭盖子的动作给宝宝看，以引起宝宝的兴趣。然后再盖上。重复几次后，爸爸、妈妈就可让宝宝参与游戏。爸爸把所有的盖子都取下来放在一起，对宝宝说："杯子里的小玩具都在睡觉，宝宝把杯子盖子给它们盖上，让它们都好好睡觉好不好？"然后让宝宝尝试自己去盖盖子。这个游戏可发展宝宝的观察力，提高宝宝对成人行为的模仿能力。

过家家

准备一个娃娃，玩具娃娃的头发可梳可扎，眼睛要会动，衣服可以脱下、穿上。再准备一套玩具餐具。游戏时，爸爸、妈妈一边说话一边玩过家家，让宝宝在旁边看着。爸爸妈妈

很细、很缓慢地做每一个动作，比如说给娃娃穿衣服、系扣子、穿袜子、穿鞋子、扎头发，然后用玩具餐具给娃娃喂饭。喂完饭，妈妈对宝宝说："宝宝，爸爸妈妈给娃娃喂完了饭，现在娃娃要出去玩了，请宝宝给娃娃换衣服，我们带娃娃出去玩。"于是，把娃娃的衣服脱掉，拿出一身衣服给宝宝，宝宝根据自己的观察将爸爸妈妈的动作重复再做一遍。这个游戏可培养宝宝的视听觉能力，发展宝宝的动手能力、手指的灵活性。

缤纷的球

将各种颜色的小球放到桶子里。摇动桶子，让宝宝注意到桶子里的球滚动所发出的声响。引导宝宝将球拿出来并交给你。当宝宝拿出球后，可以同时夸张的欢呼，并告诉宝宝球的颜色，帮助他建立色彩认知。这个游戏可锻炼宝宝手眼协调能力。

惊奇步道

先让宝宝坐好，引导他观察你的动作。将玩具排成两行，中间留下通道，并用丝巾或手帕一一盖住玩具。牵着宝宝双手慢慢走过步道，或是让宝宝爬行通过。当宝宝接近丝巾或手帕时，鼓励他掀起，一起探索发现的玩具。然后和宝宝一起将丝巾或手帕重新盖好，继续搜寻下一个惊喜。这个游戏可锻炼宝宝因果认知、手眼协调能力。

点心家家酒

将所有积木放在某一个盘里。爸妈示范用汤匙挖两颗，放到另一个盘里。引导宝宝重复同样动作，增加宝宝使用器具的经验。可以多准备几个盘子，引导宝宝使用汤匙，将积木挖给妈妈或爸爸。这个游戏可锻炼宝宝手眼协调、精细动作控制能力。

滚球大赛

和宝宝面对面坐好，中间约距离30厘米。先拿一个球轻轻地滚向宝宝，并发出"球来了""接住"等提示语。接着轮到宝宝滚球。不论宝宝以何种方式碰球，大人都要给予赞美与肯定，并设法接住球。依此方式，反复进行几次；等宝宝熟悉后，逐渐加长距离。当宝宝接不到球时，可鼓励他向球爬过去。这个游戏可锻炼宝宝视觉追踪、手眼协调、肢体反应能力。

PART 5

13～15个月 宝宝启智 方案

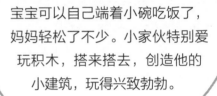

宝宝可以自己端着小碗吃饭了，妈妈轻松了不少。小家伙特别爱玩积木，搭来搭去，创造他的小建筑，玩得兴致勃勃。

宝宝的智能发育

宝宝15个月时，一双小手越发灵活了，会把两块积木摞起来了。动手能力强的宝宝，可能会把三四块积木摞在一起。宝宝会把小桶中的玩具拿出来，并放回小桶。会自己拿勺吃饭，能用两手端起自己的小饭碗，很潇洒地用一只手拿着奶瓶喝奶、喝水。说话早的宝宝可能会说出一两句三个字组成的语句了，大多数宝宝能够有意识地叫爸爸、妈妈。3岁以前，宝宝都不会是一个很好的游戏伙伴，宝宝还没有学会分享、合作，和小朋友们在一起的时候总是各自玩自己的，之间缺乏交流。这个时候的宝宝容易产生恐惧和孤独感。

动作能力训练

当宝宝长到13～15个月的时候，身体的肢体动作慢慢发育，父母可以在日常生活中，有意识地培养宝宝的动作能力，进行一些有意识的训练。

宝宝已经不满足在平地上爬，也不满足往桌子、椅子上爬，宝宝开始试探着往更高的地方、更危险的地方爬。宝宝还会往爸爸肩上爬，宝宝愿意爸爸把他举得高高的，愿意爸爸用肩膀扛着他。越危险的地方，宝宝越是要上；越有刺激的地方，宝宝越是要去。这就是这么大的宝宝特别容易出意外的原因。

宝宝运用手的能力有了很大进步，能用单手完成的动作，不会再用

双手完成了。小的物件，宝宝仍有可能放进嘴里，造成危险，因此爸爸妈妈要特别注意。

语言能力训练

1岁以后宝宝的运动能力越来越强，宝宝的理解能力明显快于宝宝的语言表达能力，因此生活中妈妈随时能够做到促进宝宝的语言能力，方法不定，妈妈可以灵活实施。

比如，宝宝想要水喝，但表达不出来，宝宝就会说"妈、妈"，用手势或眼神告诉妈妈，妈妈会很快理解宝宝。妈妈不能把水给宝宝就完事，而是引导宝宝说话。妈妈在准备水的过程中，用语言将过程说出来，如"妈妈取水，宝宝只能喝温水，水太

热要烫伤宝宝的，很危险的"等，尽管宝宝不能全理解，但妈妈经常表达出来，对宝宝的语言能力有促进作用。

想象力的开发

根据宝宝想象力的特点，找到合适的方法开发宝宝的想象力。

幼儿丰富的想象来自大自然，所以要丰富宝宝对大自然的认识，给他们创造一切机会，引导他们对大自然的奇特景象产生兴趣，激发和丰富他们的想象力。

游戏是宝宝想象的王国，在游戏中宝宝可以凭借想象扮演各种角色，表现各种生活情景。宝宝的想象力，在不同年龄、不同的游戏表演中不断变化。家长不要因表现出来的动作情节幼稚，而轻视游戏的巨大作用。

鼓励宝宝从小学画，利用画画发展宝宝的想象力是一种极好的手段。让宝宝模仿现实或表达幻想。

专家指导

故事对宝宝有较强的吸引力，尤其是童话故事，情节大多随人们的美好意愿发展，很适合幼儿想象力的发展。

智力启蒙小·游戏

玩滑梯

选择只有3～4级的滑梯，妈妈扶着宝宝上到平台，扶宝宝坐下，让他双手扶着两边的护栏；如果下面无人就可以让宝宝慢慢向下滑。这个游戏可以练习宝宝身体的协调能力。

分清多少

大人可以把苹果一边放1个，一边放3个，看宝宝知道哪边多；如果宝宝会很快指着3个的一边说"多"，大人再从3个的一边拿掉1个，成为一边1个，一边2个；如果宝宝很快地指着2个的一边说"多"，大人再把手中的那个放到1个的一边，使两边都是2个；然后再问宝宝"哪边多"，宝宝可能就不知道怎么说了，大人可以告诉他"一样多"。这个游戏可扩大宝宝认知能力的范围。

给娃娃当妈妈

妈妈给你宝宝买个布娃娃或布狗熊，鼓励宝宝自己去照料布娃娃；宝宝会抱着它，哄它不哭，和它一起入睡，给它盖毛巾等。这个游戏可让宝宝学会关系他人、照顾别人，培养

爱心。

面对面玩滚球

爸爸与宝宝面对面坐下，互相分开双腿，让球在中间滚动；如果球滚到外面，就去把球取回来；开头宝宝会用力过大经常把球甩到外面，这时可换一种玩法；二人面向墙壁，对墙壁滚球，球从墙壁滚回来的力度和方向与滚过去的方向和力度有关。这个游戏可锻炼宝宝均匀用力的能力。

选瓶盖

妈妈先示范，拿出大小比较明显的两个空瓶子，拧下瓶盖；将两个盖子放在一起，然后逐个试一下，将盖子盖到瓶子上；妈妈让宝宝自己把盖子打开，将盖子混到一起，然后把自己认为合适的盖子盖到瓶上；宝宝学会后，妈妈再增加一个空瓶子，让宝宝自己操作；开头宝宝需要逐个试，后来就能拿起大的盖，盖大瓶；拿起小的盖，盖小瓶了。给瓶子配瓶盖既可以练习手指拧开和拧紧螺旋扣的能力又可以提高宝宝估量大小的能力。

摆成双

妈妈拿来一堆大枣，让宝宝一次拿两个，将枣子排成双行；妈妈排一边，宝宝排另一边，看谁排的快；妈妈摆时故意一面摆一面说"一双、两双、三双"，让宝宝听惯这个"双"字。

宝宝摆出来的，妈妈也用"一双、两双、三双"去数，使宝宝学会称两个为"一双"；渐渐地宝宝再摆小东西，也会一双双低排开和数数了。这个游戏可练习宝宝学习数数的能力。

用积木搭物

宝宝同妈妈对坐，二人同时用方积木搭"高楼"；把搭在上面的积木放稳，让边角对齐，再放另一块，看看宝宝搭的楼房有几层。将积木横排在桌上，连成一列"火车"；也可以让宝宝把连好的积木排直，看宝宝连成的火车有几车厢。这个游戏可开发宝宝的想象力，锻炼手的技巧。

专家指导

从开始就要让宝宝养成游戏后把玩具收进盒子的习惯，让积木"回家"，然后放回原处。

举手抛球

宝宝学会了两人面对面滚球，如果将球抛到远方，就要用手抛球；刚开始，妈妈站在身边，教宝宝把球握紧，举到头顶使劲把球抛出去；避免宝宝因握不住球而把球掉落在身后，

这个动作要多次练习；当宝宝学会时，妈妈可以站在距宝宝一段距离的前方，为宝宝把球抛回来。这个游戏可锻炼宝宝手部的用力能力和全身的协调能力。

认识黑色

一般家里的遥控器都是黑色的，有时父母想换频道，就可以这样做；父母对宝宝说"把那个黑的拿过来"，宝宝从父母的表情中懂得事要遥控器，便送过去；这时，父母可以亲亲宝宝，宝宝会受宠若惊并在惊喜之余记住黑色；另外，爸爸也可以拿出黑色的皮鞋对宝宝说"这是黑色的"。这个游戏可让宝宝学会认识颜色。

用钥匙开锁

宝宝早就对钥匙感兴趣了，每次妈妈进门都要用钥匙在锁里转转；宝宝很想自己打开锁，妈妈先示范，把钥匙塞进锁眼里，塞到尽头；然后轻轻一转，锁就开了。然后将钥匙交给宝宝让他来开锁；妈妈告诉宝宝要把钥匙塞到尽头才可以转动；有时宝宝把钥匙插歪了，要拔出来，重新再插，插直才能到底，然后转动；等宝宝打开了锁，就会特别兴奋，会要求多练习几次。这个游戏可锻炼宝宝的

手眼协调能力，同时又训练宝宝的注意力。

分珠子

妈妈把红色和黄色的珠子放在一个大碗里，再拿出两个小碗，让宝宝把珠子按颜色分别放入两个碗中；妈妈先示范，用手拿一个红色的珠子说"红的放一个碗里"，又拿一个黄色的珠子说"黄的放另一碗里"。以后就让宝宝自己拿，有些宝宝可能不会像妈妈那样去拿，妈妈可不要去干涉宝宝用哪一种方法拿珠子。这个游戏可练习宝宝的手眼协调能力。

挑哭笑脸

妈妈用纸画两张脸，一张是笑脸，一张是哭脸；妈妈问宝宝："谁在哭？"让宝宝找出哭脸；又问："谁在笑？"让宝宝找出笑脸；另外，妈妈可以让宝宝装一个哭脸，看宝宝装得像不像；如果宝宝装得不像，妈妈装一个哭脸给宝宝看，让宝宝照着做一个；同样，妈妈可以让宝宝装一个笑脸，看装得像不像。这个游戏可让

宝宝学会通过看人的面部表情来判断高兴还是不高兴，学习与人交往的技巧，这也是与人相处所必需的。

捉迷藏

妈妈藏到门背后，让宝宝寻找；如果宝宝找不到妈妈，妈妈可以在门后面叫宝宝，宝宝听到声音就会找到妈妈；轮到宝宝藏起来时，许多宝宝会藏在妈妈藏过的地方，也躲在门背后；当玩过多次之后，宝宝便会躲到自己新发现的好地方，比如床底下、桌子底下、柜子后面等。妈妈指导宝宝活动，为以后宝宝与他人交往打下基础。

专家指导

家长与宝宝在户外捉迷藏的时候，利用大树来藏身，但要告诉宝宝不能藏在电器和机器旁，也不要在汽车旁边。

我长大了

妈妈把绳子拉好，鞋子袜子用夹子夹住"晒好"。请宝宝指认颜色、上面有什么图案等等。鞋袜晒干了，请宝宝帮妈妈收起来吧。妈妈再拿出事先准备好的另一部分鞋袜，请宝宝晒。平时在家里，我们家长要多提供宝宝参与家务劳动的机会，不但培养了自理能力，而且其他各方面如：语言、手指精细动作也得到了的练习。为将来的学习打下良好的基础。

开车、停车

妈妈示范：有向前走、倒退走、横着走、蹲、弯腰的动作。请宝宝试着拉滑板车在教室里走。妈妈在场地四周撒上小玩具，请宝宝在"拉车"的过程中把小玩具捡起来，并且放在小车上不掉落。请宝宝把小车拉到"停车场"。总结：在生活中，只要我们稍微动动脑，就能把原来宝宝玩腻的游戏又变成新游戏了，而且，宝宝的各项技能也得到了提高。

彩珠分类

选择形状颜色各异的大粒木质串珠，和宝宝一起进行分类游戏。可先把每一种花色的木珠分在一起，然后一种摆成一排，把每一种花色都对应排好，看看每种花色是否一样多。如家中没有此玩具，则可用彩色积木块，或其他各种色彩明艳的物品来进行色彩分类。

专家指导

这个游戏可促进宝宝尽快熟悉串珠，产生兴趣，为下一步学习穿珠做准备。同时训练宝宝对不同形状、色彩的辨识能力，建立初步的分类、集合概念。

找熊爸爸

妈妈拿出熊爸爸，吸引宝宝的注意力。用两只盒子轮流藏熊爸爸，最后，问宝宝它躲在哪个盒子里，让宝宝找。重复几次后，再增加一只套盒。动作也可以逐渐加快。甚至妈妈可以藏在身上。宝宝找不到时，就会动脑筋去想在哪里呢？而且，熊爸爸一会儿躲在这里，一会儿藏在那里，激发了宝宝大脑思考问题的乐趣。

摸一摸

父母应时常抚摩宝宝的身体各部位，尤其是手脚。在家中可选择一些光滑的、粗糙的、硬的、软的、方的、圆的、长的、短的、粗的、细的不同形状质地的东西，让宝宝用手去触摸感觉，父母同时伴随语言的讲解。这个游戏可促进宝宝尽快形成对生活中常见物品的形状、质地的相应概念，并丰富其触觉感知和认知。

谁的耳朵灵

妈妈选择一篇短小精美，适合幼儿的散文或散文诗（最好是童话散文），在哄宝宝睡觉前或白天宝宝比较安静的时间，轻柔舒缓而有感情（尤其要有抑扬顿挫）地读给宝宝听。不要强迫宝宝必须安静不动，但要尽可能用声调和表情去感染宝宝。渐渐的，宝宝会喜欢的。这个游戏可对宝宝进行语言文学的熏陶，为宝宝喜欢表达、喜欢读书打下基础，同时让宝宝感受这样的一种读书方式，宝宝不一定会理解内容，但一样可以有美的感受。

PART 6

16~18个月 宝宝启智 方案

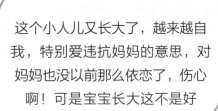

这个小人儿又长大了，越来越自我，特别爱违抗妈妈的意思，对妈妈也没以前那么依恋了，伤心啊！可是宝宝长大这不是好事吗？

宝宝的智能发育

宝宝18个月时，大多数已经能够下蹲、行走自如了。宝宝学会了自己脱衣服，但还不能很好地穿衣服，拉链衣服还不能自己拉上，会使用粘贴式的鞋带，但可能会粘得歪七扭八；可以借助工具取够不到的东西。宝宝的词汇量猛增，开始使用语言和周围人打招呼；宝宝能够说出身体所有部位的名称，会自己和自己说话，最喜欢说"不"。宝宝容易表现得很自私，玩具、吃的东西都不和别人分享，甚至会做出攻击性的行为。宝宝已经有了主见和个性，自我意识和思考的独立性增强了，对妈妈极度依恋的情态，一去不复返了。

动作能力训练

宝宝能够独立行走之后，开始喜欢追着人或拉着玩具跑了，但因为掌握不好身体的平衡，所以很容易摔倒。扶着成人或物体的扶手可以上下楼梯、跨过小障碍物了。成人拉着他的手，他会从大约10厘米高的地方往下蹦。

宝宝的小手也更灵活了。不管什么东西，他都愿意用小手摸一摸、摆弄几下，还可以用食指、拇指、中指抓握物体。喜欢用笔在纸上涂涂画画。最棒的是会用积木一块一块地往上搭高楼，还会用双手端水杯喝水，试着用小勺吃饭。

这个时期的宝宝精力充沛，非常

乐意接受成人对他进行的动作训练。所以你可以通过一些小游戏，促进宝宝大肌肉和小肌肉的动作发展。

语言能力训练

这时期宝宝学说话积极性很高，对周围事物的好奇心也很强烈，父母应因势利导，除了在日常生活中巩固已学会的词句以外，还可以为宝宝讲故事、朗诵儿歌、看图讲述，在游戏中对话表演，培养宝宝用已掌握的简单句讲述自己的印象，说出故事、儿歌、图片中的简单的事物。

父母不要总期待宝宝的言语是完美的。宝宝刚刚开始学习语言，需要通过大量的练习才能完善起来。一旦知道宝宝能懂得某个词的意思并会说这个词了，就应该鼓励他去使用这个词。

专家指导

家长要与宝宝多交谈，增强宝宝的自信心。虽然宝宝还不会说很多词，也应该听宝宝说话，使宝宝有机会发展自己的口语。

听觉记忆能力训练

听觉记忆力是指人在注意倾听的基础上，保持、回忆一般听觉信息的能力。在初级阶段可以利用有节奏、韵律的儿歌或句子来训练宝宝的听觉记忆力。

可以将所有的儿歌以MP3的形式下载到了手机上，具体训练方法：

1️⃣ 先整曲播放3～5首新儿歌，只播放一次，告诉宝宝每首歌的歌名。

2️⃣ 播放完以后，一起唱几首他已学会的歌，或者是做几个思维训练的题，目的是故意分散宝宝的注意力，干扰宝宝的记忆。

3️⃣ 重新播放那几首儿歌，每首儿歌只播放前奏，让宝宝辨认这是哪一首歌。

本训练两天一次，逐渐增加难度，可训练宝宝的长时记忆力，领会儿歌意思，增强宝宝对语言的节奏感。

智力启蒙小·游戏

涂颜色

给宝宝买幼儿按图填颜色的画册，让宝宝给空白的图画填颜色，图画要尽量简单，画面要大。如果是小熊的画，父母可以指导宝宝将小熊的身体涂成黄色，鼻子涂成黑色；如果是花草的图画，可让宝宝想象一下花都是什么颜色的，让宝宝自己选择。这个游戏可训练宝宝的颜色辨别能力、感知能力和精细动作。

画点和线

妈妈拿出纸和笔，让宝宝画头发，也可以让宝宝在一个大圈即"大烧饼"上画点点即"芝麻"；妈妈告诉宝宝"芝麻"要点在"大烧饼"上才能"吃到"，点在外面就"吃不着"了；让宝宝把握落笔的位置，小心地把每一点都点在大圈里。涂鸦的开始就是练习宝宝手、眼协调能力的开始。

跨步走

准备5～6块泡沫地板块，可选择带小动物拼图的，能够引起宝宝的兴趣。将泡沫块放在地上，每块间隔8～

10厘米，让宝宝踩在泡沫块上走。父母可以从旁指挥，让宝宝先走到有小象的泡沫块上，再走到有小熊的泡沫块上，等宝宝走得熟练后，可把泡沫块之间的距离拉大。这个游戏可训练宝宝的平衡能力。

踢球

刚开始训练时，父母可以扶着宝宝，让宝宝用一条腿站稳并将球用力踢出去，然后让宝宝快跑去将球捡回来。经过几次训练后，父母可以让宝宝独立进行踢球，宝宝也不会摔倒。

向两边抛球

宝宝学会将球举到肩上向远方抛球后，就可以向爸爸、妈妈抛球了；爸爸、妈妈各站一边，宝宝向爸爸抛球后，向后转向妈妈抛球；然后，爸爸、妈妈互换位置，再让宝宝分别向爸爸、妈妈抛球；经过几次练习，宝宝就基本上学会了朝一定方向抛球。

这个游戏可练习宝宝身体平衡和手眼协调的能力。

听口令指身体部位

妈妈和宝宝都坐在镜子的前面，二人一同按照口令指身体部位；可以说"脖子"，妈妈和宝宝都指着自己的脖子；妈妈再说"肩膀"，宝宝从镜子里看到妈妈的手指向肩膀的部位，也赶快跟着指；当宝宝指得不对时，妈妈要赶快帮着宝宝改正；爸爸回到家也可以让宝宝在爸爸身上或在玩具熊身上指部位。同父母一起游戏可以培养宝宝合群、开朗的个性，有利于他同其他人交往。

模仿擦桌子

妈妈给宝宝准备一条小的抹布，挂在宝宝能拿得到的地方，让他模仿擦桌子；妈妈告诉宝宝擦桌子的规律，如果桌子中间很脏，擦拭先从四周开始，最后擦中间；擦完把脏东西用抹布抱起来拿走。如果桌子基本干净，可从上到下横着擦，到中间时把布折叠或反过来再擦；擦完后把布拿到垃圾桶上先把脏东西扔掉，再把布放到盆里，洗手后才可吃饭。这个游戏主要是训练宝宝的自理能力，了解到"劳动最光荣"。

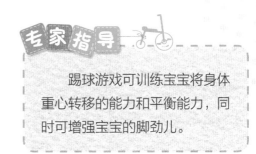

专家指导

踢球游戏可训练宝宝将身体重心转移的能力和平衡能力，同时可增强宝宝的脚劲儿。

学分类

妈妈在大盘子里放有花生和瓜子，请宝宝把花生和瓜子分别放在两个小盘内；有些宝宝左手拿小盘，右手只捡花生，等花生全捡到小盘内，大盘里只剩下瓜子了；将大盘里的瓜子倒在小盘里，就分完了。而有些宝宝用手小心地把花生和瓜子一个个捡到相应的盘里，瓜子小不好拿；这时，妈妈要给宝宝做示范，或同宝宝比赛，让宝宝懂得做事要有方法。这个游戏可让宝宝认识到做事情要讲方法，才能又好又快。

追光影

在有太阳时爸爸同宝宝到院子里玩，让宝宝追爸爸的影子；爸爸可以慢慢跑，让宝宝赶得上，等宝宝快要踏上爸爸的影子时，再闪开；晚上，也可以把客厅的家具挪开，灯光调暗，用手电筒照出光影，让宝宝追影子；在游戏的过程中，父母要放慢脚步，既让宝宝有成功的可能又不让宝宝感到太累。这个游戏可让宝宝练习跑步，这也是让宝宝运动的方法之一。

说用途

妈妈准备一些日常用品，如牙刷、杯子、碗、勺子、梳子、剪刀等；随便拿来一个问宝宝："有什么用呢？"宝宝会用一个单字来回答；如问到杯子时，宝宝会说"喝"；问到碗时，会说"吃"或"吃饭"；问到牙刷，宝宝会说"牙"，妈妈教他说"刷牙"。这个游戏可练习宝宝的语言能力，促进宝宝早说话。

一样多

妈妈同宝宝摆珠子，要求宝宝同妈妈摆的一样多；妈妈先放一个，宝宝也放一个；妈妈放两个，宝宝也放两个；妈妈放三个，有些宝宝可以放三个，有些可能多放了几个。妈妈开始边检查边摆，两边都是一个，妈妈就说"对，一样多"；两边都是两个，妈妈就说"对，一样多"。如果有的一边多放几个，妈妈就问宝宝："是不是一样多呢"，看宝宝能不能回答；如果宝宝回答不了，妈妈可以把两边的珠子一对一排好，长出来的

专家指导

游戏需要反复练习直到宝宝完全会说为止，如果学过后不复习，宝宝很快就会忘记的。

一边就是多的了。这个游戏可扩大宝宝认知能力的范围，懂得"一样多"的含义。

负重行走

妈妈为宝宝准备一个重1～1.5千克的背包；然后，妈妈同宝宝一起行走，行走时给宝宝一些鼓励；妈妈可以边走边说一些鼓励的话或背诵儿歌来为宝宝加油。每天练习一次，使宝宝的行走有力、肺活量增加。

串珠子

准备一根鞋带来穿珠子，游戏可分为两步；第一步，妈妈拿着珠子让宝宝把鞋带的硬头放进珠洞，由妈妈从洞的另一头把绳子牵出；让宝宝练习几回，直到他熟练地把鞋带穿入珠孔；第二步，妈妈让宝宝自己拿稳珠子，由妈妈把鞋带穿入珠孔，宝宝从珠孔的另一头把鞋带拉出；这个游戏分两步来做可降低难度，让宝宝分步掌握。这个游戏可训练宝宝做精细动作的手眼协调能力，练习专注力。

学打电话

宝宝经常学者爸爸妈妈的样子把电话放到耳边学习打电话；这时，妈妈可拿起手机同宝宝对话："你是宝宝吗？"或者说"喂，你好！""喂，你找谁啊？""爸爸上班啦"等简单的句子；宝宝能说的话不多呢，不过他是有说话的积极性才拿起电话的。这个游戏可让宝宝学会说一些简单的语言。

小小化学家

让宝宝只穿游泳裤，把他放在空浴缸里，打开排水口。在盆里装上半盆水后，放进浴缸里。把塑料杯子、盒子和漏斗拿出来。让宝宝在一边看，你用杯子舀一杯水，然后倒进另一个杯子里。他很快就学会了。跟宝宝说话，告诉他，有的盒子小，所以装的水少，而有的盒子大，所以装的水就多。这个游戏可训练宝宝自己独立玩、触觉、精细动作技能、观察和实验技能。

手掌画

先铺一些报纸保护你的桌子和地板。在调色盘（或任何扁而浅的盘子）里倒入你选择的广告颜料，然后帮小家伙把手掌放进盘子里，接着再轻轻

专家指导

宝宝还要再过一段时间才能轻松地使用画笔。现在，他可以用自己的双手（还有双脚）画出一些很棒的画。除了有趣之外，这些手掌画还是珍贵的纪念品，可以做成卡片送给爷爷奶奶、外公外婆。

地印到纸上去。你也可以用他的双脚来尝试这个游戏，但要在脸盆或澡盆里准备一些水，等结束之后，赶快把颜料洗掉，因为你肯定不想让他在家里走动时，留下一串串脚印。这个游戏可训练宝宝动作控制、感觉技巧。

跳起来吧

你的小舞蹈家站立时，大概会需要些帮助，所以牵着他的双手，或者他可能会觉得抓住沙发更稳当。尝试不同风格的音乐，看看他最喜欢哪一类。等他累了，你可以把他抱起来，像跳交际舞一样，和他一起在房间里飞快地旋转。这个游戏可训练宝宝走路与协调性。

吹泡泡

拿上一瓶泡泡水到外面的阳台、

楼下的空地或公园里去玩。先吹泡泡，然后让小家伙看看怎么把这些泡泡弄爆。慢慢地吹，可以吹出一些大泡泡，或者快快地吹，可以吹出很多小泡泡。如果把手弄湿了，有时候还能让一个泡泡停留在手指上，这一把戏肯定会让你的宝宝大吃一惊的。这个游戏可以锻炼宝宝手眼协调能力和动作技巧。

有趣的帽子

帽子最简单的做法是：把一张纸卷成锥形就是一顶完美的巫师帽。再

稍微复杂一点的做法，是用一张报纸来做，先对折，然后把报纸放在面前，让折边在上。接着把上面的两个（折叠起来的）角向中间折，这样报纸的上面就是一个三角形，下面是两条长边。这时，先把下面上层的长边折叠到三角形的底边处，然后再向上折一次。接着，把报纸帽翻过来，对另一个长条做同样的处理。为你和宝宝各做一顶帽子，然后在镜子面前试戴一番，很好玩儿的。这个游戏可训练宝宝的想象力。

PART 7

19~21个月宝宝启智方案

宝宝可以随便走来走去了，光着脚丫满地跑。宝宝能说出完整的句子，妈妈很乐意教宝宝学儿歌，宝宝背诵得很好呢！

宝宝的智能发育

宝宝21个月时，都能自由地行走了，大多数宝宝会双足并拢起跳，能够独自爬至少三个台阶的楼梯了。宝宝不但会关门，还会开门。宝宝几乎可以随心所欲地使用双手，干自己想干的事情。宝宝会自己脱鞋了，还特别愿意脱鞋，最喜欢光着脚丫满地跑。宝宝喜欢模仿爸爸妈妈的样子学做家务。宝宝开始掌握名词以外的词了，如热、冷、脏、怕、走、拿、玩、打等。有30%以上的宝宝会说出一个完整的句子，会表达很多日常需要，还喜欢跟在妈妈身后问这问那，会背诵一首完整的儿歌了。除了继续依恋妈妈外，也开始亲近其他人。宝宝不再把所有的东西都看成是自己的了，开始与人分享。

动作能力训练

这个阶段宝宝的运动能力特别强，最喜欢和其他人追逐嬉戏。父母应充分利用宝宝的这个特点，和他一同玩追逐的游戏，帮助宝宝锻炼行走与跑步。此时，宝宝会出现抬腿就跑的现象，父母应注意别让宝宝跑得时间太长、太远，应该及时休息，注意安全。

宝宝不但行走自如、扶栏杆可以上下台阶，而且还可以坚持连续跑5~6米。宝宝的平衡能力已经发育得比较好了，可以双脚连续跳。这时，父母

应根据宝宝自身能力发展的特点，培养宝宝的动作能力，可以采用寓教于乐的方法，让宝宝一边玩，一边锻炼身体，愉悦身心。

语言能力训练

找一本适合宝宝看的图书和宝宝一起看图书，给宝宝讲故事。当宝宝对故事熟悉后，可以就书中的情节提出问题让宝宝回答。长期这样做能训练宝宝的语言理解能力。

平时应多和宝宝进行语言交谈。多问宝宝一些日常生活中的问题，让宝宝用短句回答，如"妈妈叫什么名字？""爸爸上哪儿去了？"如果宝宝答不出，或回答得不完整时，父母要用完整的句子再说一遍，让宝宝重复。这样一问一答，既能训练宝宝的语言能力，又能训练宝宝的记忆力。

为了训练语言表达能力、记忆能力，可选内容简单但富有情节的小故事或儿歌等，作为复述内容。先给宝宝讲几遍故事或儿歌内容，然后再教宝宝复述句子。复述时，父母说出一句（3～5个字），让宝宝模仿一句。渐渐地让宝宝自己把句子复述出来。

数学能力训练

让宝宝数一切可以数的东西！数实物能帮助宝宝通过亲身体验更好地理解数字。因此，和宝宝间做数学游戏的最佳选择就是让宝宝去数生活中的实物。例如，数街上的电线杆或路灯，不仅练习了数数，还培养宝宝的节奏感以及感受时间和空间的关系。

找生活环境中的数字，如门牌号、楼号、汽车牌号、信箱号，等等，并与宝宝一块讨论数字的用途，如比赛中的计分。

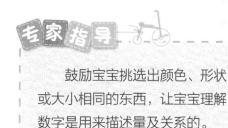

专家指导

鼓励宝宝挑选出颜色、形状或大小相同的东西，让宝宝理解数字是用来描述量及关系的。

智力启蒙·小游戏

捡豆子

父母可将豆子撒在桌子上，教宝宝用右手的拇指和食指将豆子捡起来装在小篮中，可让宝宝将桌子上的豆子一粒一粒捡完。需要注意的是，父母在桌子上撒的豆子数量不要过多，以防宝宝产生疲劳。这个游戏可锻炼宝宝的手指肌肉。

玩套盒

父母可给宝宝准备一个大小不同的两层套盒，父母先给宝宝进行示范，然后让宝宝将里面的小盒拿出来，再放进去，进行反复练习。父母也可将这个游戏改为在一个盒内放上数个小球，让宝宝将其中的小球一个一个拿出来。这个游戏可训练宝宝手指的肌肉动作，学习如何将物品套装。

穿扣子

父母为宝宝准备一条细塑料绳和一个扣子，让宝宝练习用塑料绳穿过扣眼，穿过后再教宝宝将塑料绳从扣眼中拉出来，如此往复。在这个游戏中，宝宝能穿过三个以上扣子即可。这个游戏可锻炼宝宝的手、眼协调能力。

搭高楼

准备一些积木，引导宝宝将积木一块一块地叠起来搭成高楼。家长自己也可以搭一个，比一比谁的高楼高，以增加游戏的乐趣。也可以将平时用过的空纸巾盒、空易拉罐等收集起来，做成经济又安全的"积木"供宝宝玩。这个游戏可以锻炼宝宝的手眼协调能力，练习码高。

从窗子里看妈妈

当妈妈在厨房里干活时，爸爸可将宝宝举过头顶去看厨房里的妈妈。让宝宝和妈妈打招呼。妈妈此时不要停下自己手中的活，但一定要回头和宝宝说话，跟宝宝打招呼。当宝宝正和妈妈热情地交谈的时候，爸爸可对宝宝说："宝宝，咱们赶快下去，不让妈妈看到，好不好？"爸爸应立刻将宝宝放下。这个游戏可锻炼宝宝身处高处不害怕的胆量，培养勇敢精神，发展平衡机能。

学英文单词

爸爸说nose（鼻子）、eye（眼睛），同时用手指鼻子、眼睛；让宝宝也跟着指，连续让他练习几次；爸爸自己不指，只说单词，看看宝宝能否指对；宝宝读的正确，两个人可以轮流读出单词让对方去指。这个游戏可发挥宝宝的语言智能，对五官有更进一步的认识。

射球

用一个大箱子，或一条长板凳当做球门；爸爸和宝宝轮流踢球入门，看谁进的球多；爸爸可以站得离"球门"远一些，宝宝站得近一些；如果还有其他小朋友来参加，爸爸可以当教练，让两个宝宝同时练习。这个游戏可训练宝宝双脚的协调配合能力。

捉蝴蝶

妈妈用两条长方形的彩纸把中部拧上，用绳子捆好，系在小棍子上做蝴蝶；然后妈妈同宝宝玩游戏，开始时妈妈拿着棍子摇动，让蝴蝶"飞"起来；请宝宝来捉蝴蝶，若宝宝捉到了就换妈妈来捉蝴蝶。这个游戏可让宝宝跑步时手的动作更灵敏，四肢动作更协调。

即使妈妈做的玩具很简单，宝宝仍然玩得很开心，妈妈一定要挤出时间和宝宝一起玩游戏，这样宝宝才会更聪明！

学数手指

妈妈伸出5个手指，同宝宝一起从拇指开始数1、2、3、4、5；然后让宝宝自己数自己的手指，慢慢手口一致地数；宝宝可以数妈妈的手指，也可以数自己另一只手的手指。这个游戏可让宝宝学数手指的目的是学会数数，要求宝宝会数1～3。

排数字

当宝宝已经认识了阿拉伯数字的1、2、3和汉字的数字一、二、三；妈妈把每一个数字剪成字块，散放在桌上，让宝宝自己把数字按次序排好；当宝宝排列时要注意字放的方向是否正确，要正着放，不可上下颠倒；注意3的开口在左侧，不可将3的开口向右。汉字要把长边放在下面，汉字的数字左右对称，较容易放对。练习排数字可培养宝宝的逻辑性，包括从开始让宝宝学背数和认数字都是培养其逻辑思维的起步。

玩橡皮泥

准备一盒安全无毒的橡皮泥，让宝宝随意揉捏。你可以先揉出几个小

物件，让宝宝欣赏。也可以揉出几个小圆球，教宝宝用手掌把它们压扁。此活动可促进宝宝小手精细动作的发展。

赢字卡

爸爸妈妈把宝宝学过的和准备学的汉字，用硬纸板写成字卡；每天晚饭同宝宝做赢字卡的游戏，如果宝宝拿到字卡后能自己读书字卡上的字来，就赢得一张字卡。爸爸妈妈可以用橡皮圈把宝宝已经熟悉的字卡捆起来，作为第二天复习用；每三天把以前学过的字温习一遍，周末再把本周学到的再复习一次；爸爸妈妈将复习时宝宝忘记的字放到新字堆里，从头再学，直到宝宝记住为止。这个游戏让宝宝学习认识更多的汉字。

手心手背

爸爸、妈妈和宝宝在家里一起做这个游戏；爸爸发号施令："手心。"大家把手心向上，如果不会可以看着妈妈，模仿着把手心翻向上；爸爸再发号施令："手背。"大家又把手背向上；先练习几次，以后谁做错了，就让谁来发号令；若宝宝说不出来，可以用手来表示号令，让宝宝有带动游戏的积极性。通过这个游戏训练宝宝听从号令的能力。

放置玩具

妈妈找出两个同样大小的有盖的鞋盒，同宝宝一起放置玩具；妈妈把宝宝的玩具倒在地上分成两堆，宝宝一堆，妈妈一堆；然后各自将自己的那堆玩具放进鞋盒中；妈妈也可以训练让宝宝将盒中的玩具拿出来。这个游戏让宝宝认识里外，学会听从妈妈的指令。

追易拉罐

爸爸拿着两个易拉罐同宝宝到玩耍；爸爸把易拉罐扔到院子里，爸爸和宝宝各追一个看谁最先追上；如果院子不大，易拉罐会撞上墙壁然后反弹回来，便容易捡到；或两个人都自己扔自己捡，或有一个人专门捡别人扔出去的易拉罐，使游戏更加有趣。这个游戏可训练宝宝户外奔跑的能力。

专家指导

父母每天坚持同宝宝在户外玩耍，活动2小时，可以保证宝宝的身体健康。

分色穿珠子

妈妈先给宝宝一些黄色和蓝色的珠子，让他练习穿珠子；宝宝会先穿一个黄色的，再穿一个蓝色的，隔一个换一种颜色，穿出来的珠子很漂亮；如果宝宝能穿得很长，妈妈可以把穿好的珠子替他挂在脖子上当项链；如果穿得不够长，可以当手镯，这会让宝宝有成就感。这个游戏可训练宝宝手的精细动作，并对颜色有了自己的审美观。

学拼词

父母将宝宝会说的话写下来，然后从宝宝的字卡中找出宝宝说出的字；如"吃"，先把"苹果"两个字放在一起让宝宝认，再让他认"吃"字；还可教宝宝用"吃"的字卡拼成有意义的词汇，如"吃饭""吃鸡蛋""吃香蕉"等；又如"要"，可以拼成"妈妈要""爸爸要""奶奶要"等。宝宝会觉得认字很有趣，就更喜欢多认字了。学会拼词游戏的宝宝已开始进入阅读阶段了，这个游戏激发了宝宝对阅读的兴趣。

分东西

每天早上吃馒头时，妈妈可以把馒头用刀切开，分一半给宝宝，自己

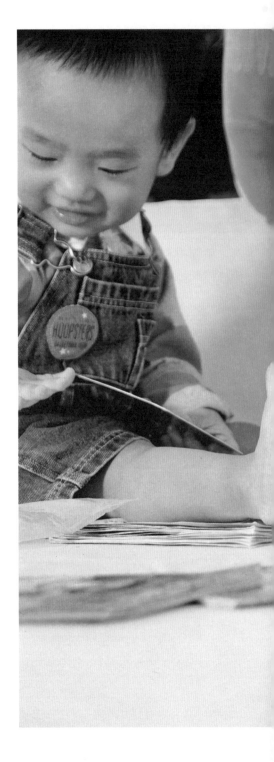

吃另一半；第二天让宝宝来分馒头，宝宝会像妈妈一样把馒头给一人一半；当宝宝学会用刀分馒头后以后就可以分蛋糕、分香蕉等食物。当爸爸回家后，有好吃的要分三份了，可以让宝宝试试，即使分得不均匀也没关系。有了这些体验，以后和小朋友在一起，宝宝就会分东西吃了。

分清轻重

妈妈让宝宝拿一块大石头，再捡一块同样大的木块，比一比哪一个重；宝宝可以两只手，一手拿石头，一手拿木块，越大的块越容易比出轻重来；或也可以拿两个一样的透明瓶子，一个装满水，一个只装一半，让宝宝掂量哪个重；然后再往只装一半水的瓶子里加水至3/4瓶，让宝宝再掂量，看宝宝能否分辨出轻重。这个游戏可练习宝宝的观察能力。

闻味道

妈妈带宝宝一起去超市，在放的货架前，让宝宝闻闻各种香皂的气味；宝宝可以闻出不同牌子的香皂气味各不相同。妈妈再让宝宝闻硼酸皂，有一点儿酸味；闻药皂有一股药味；妈妈再带宝宝到买食物的柜台前，找到零散包装的酱豆腐，让宝宝闻闻；通过比较，宝宝了解了什么是公认的香味，什么是公认的臭味。这个游戏可训练宝宝用嗅觉和味觉来分辨气味。

扔套圈

妈妈准备几个动物玩具如兔子、长颈鹿等作为套圈的玩具；把作为目标物的动物玩具放在离宝宝约半米处；让宝宝手上拿几个大圈，妈妈先做示范，把一个圈扔出去，套在玩具的身体上；接着让宝宝自己练习扔出套圈，看看能否套住目标；如果套得很好，可以把套圈的玩具向后移。这个游戏可训练宝宝的手眼及全身的动作协调能力。

专家指导

如果没有套圈玩具，可以用空的酱油瓶来代替，用粗铁丝或硬的塑料绳或不干胶自制套圈，同样可以让宝宝玩得很开心。

PART 8

22~24个月
宝宝启智
方案

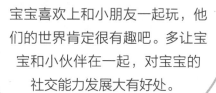

宝宝喜欢上和小朋友一起玩，他们的世界肯定很有趣吧。多让宝宝和小伙伴在一起，对宝宝的社交能力发展大有好处。

宝宝的智能发育

宝宝24个月时，宝宝手眼配合越来越好了，会很耐心地把带小眼儿的珠子一个一个穿成串珠。宝宝能打开门锁，会画简单的图形，能搭更多层

积木，能玩拼插图，会在大人的指导下折纸，还会创造性地折一个小动物。2岁宝宝语言发展再上新台阶，词汇量又一次爆炸式增长，宝宝喜欢自己嘟嘟囔囔，说谁也听不懂的话，常常自言自语。宝宝开始喜欢和小朋友玩耍，但还缺乏合作精神，还不懂得和小朋友分享快乐。宝宝独立性不断增强，开始有了自律能力，尝试着做自己喜欢的事情，开始感受父母对他的情感。

动作能力训练

训练宝宝学习上、下楼梯。训练上下楼梯时，开始选择的楼梯不要太多层，以便宝宝能够较顺利地上完楼

梯，体验到成功的快乐。

通过游戏、手工、鼓励宝宝做力所能及的事，促进手动作的稳定性、协调性和灵活性。适合的游戏有玩积木、模仿画画、穿珠子等。

记忆能力训练

成人在讲述宝宝较熟悉的故事、教宝宝念他熟悉的儿歌或唱他熟悉的歌时，有意识地停顿下来让宝宝补充，由简到难，开始让宝宝续上单字，以后可逐渐让宝宝续上一个词、一句话。

让宝宝回忆起不在眼前的实物，可给宝宝一件玩具，让他注视妈妈将玩具放到盒中，盖上盖子，让他说出盒中玩具的名称。

语言能力训练

幼儿在1岁半后，言语发展会突飞猛进，他们不仅重复成人说的言语，而且想要自己说出周围东西的名称。语言来源于生活，父母应常带宝宝到户外、公园去玩，鼓励他与人交往，并引导宝宝仔细观察遇到的事物，告诉宝宝他遇到事物的名称和特点。回家后，要他回忆在外面接触的人，看到的东西，并尽量帮他用较完整的话叙述出来。这样，不但丰富了他的语言词汇，而且巩固了记忆，增长了知识。

形象思维能力训练

研究显示，出生后19 ~ 22个月期间，宝宝开始逐渐具备形象思维能力。

宝宝并非像我们想象的那样"头脑简单"，对故事中的许多细腻的情感与寓意，他的理解与领会程度都超过了大人的预期。他只是对书中一些词汇和细节似懂非懂，但故事的情节却能在头脑中留下深刻印象，一旦相应的背景知识形成，便会产生联系，把故事在心中演"活"起来。当他听妈妈读书中的故事时，小脑瓜不停地转动，一双小眼睛亮亮的，他对故事中的人物非常熟悉，可以一遍又一遍地听，直到准确无误地复述故事的内容。这样的书一般印制精美，并不花哨，而且色调和谐、安宁，常有梦幻般的气息，使宝宝感到亲切，很符合他的审美情趣。

专家指导

故事书中过多画面会使宝宝只能被动接受图像，不能主动展开想象，从而失去了培养形象思维的机会。

智力启蒙小·游戏

打电话

妈妈和宝宝每人手中拿一块长方形积木当电话，模仿打电话；妈妈问："喂，请问是XXX在家吗？"宝宝知道是爸爸，赶快回答："爸爸不在。"妈妈再问："请问什么时候回来？"

宝宝回答："晚上。"妈妈再问："喂，你是谁啊？"宝宝说："我是宝宝。"用打电话的办法促进宝宝说话，使宝宝记住家里人的姓名、电话号码和居住的地方，培养宝宝敢于同生人说话的能力。

学英语认水果

妈妈拿出3~4种水果图片，对照水果图片用英文和中文将其名称逐个教给宝宝；如banana（香蕉）、apple（苹果）。先让宝宝听妈妈说名称，然后依名称取水果图片；练习几次后，改为妈妈指物，宝宝说出英语单词，然后接着学；orange（橘子）、peach（梨），也是先学听名拿物，后学说出物名；最后将两组学过的水果放在一起让宝宝练习，也是

先练听名取物，后练说出物名。通过练习宝宝记住更多的英文单词。

认识 "4"

妈妈带宝宝去看升旗，当旗升到旗杆以后布面会往下垂，整个旗子如同4一样；所以4像是一面旗子，宝宝很容易就会记住4的外形；父母在教宝宝学写4时，让宝宝从上面开始，先画斜的布面，再画竖的旗杆；宝宝用画图的心态去写4就很容易成功了。这个游戏培养宝宝的数学逻辑智能，认识更多的数字。

学兔子跳

妈妈同宝宝一起，把双手的食指和中指竖起来放在头上；然后身体略蹲下，学兔子跳，双脚要同时跳起。如果一家三口在户外玩，可以用粉笔在地上画两个圈分别作为兔妈妈和兔宝宝的家；爸爸躲在大树后当大灰狼，妈妈领着宝宝在圈外玩，当看到大灰狼出来了马上用兔子跳的办法跳回家；如果爸爸先占了谁的家，谁就出去当大灰狼。在练习跳的同时，让宝宝感受到家的重要性，学会爱护自己的"家"。

抓花生

在篮子里放许多花生，妈妈同宝宝比赛，看谁抓得多；妈妈故意抓得少些，让宝宝抓一大把；妈妈把两堆花生分开，妈妈拿出一颗，让宝宝也拿出一颗放在旁边；一对一排成两行，到最后看哪一排长出来，就算那边多。这个游戏可帮助宝宝理解数的概念，对数量的多少有所认知。

翻跟头

爸爸跪在地上，让宝宝站在自己的大腿上；爸爸拉着宝宝的双手，先让宝宝在自己的腿上蹦跳；告诉宝宝跳高时使劲把腿靠近爸爸的腰部，头也使劲向后仰；爸爸也帮着宝宝使劲向后翻转，使宝宝双脚落地，完成后滚翻。这个游戏使宝宝全身维持平衡的功能得到更好的锻炼，是预防感觉统合失调的良好锻炼方法。

专家指导

宝宝学会前滚翻和左右滚翻，可以预防坐车、船、飞机时的眩晕症。不过这个游戏是个体力活，最好由爸爸来进行。

摸数字

父母把塑料数字放在装有肥皂水、洗米水的盆里，让宝宝从混水里摸出爸爸妈妈要的数字；如果家中没有塑料数字，可以用硬纸剪出数字，放在米桶或沙桶里，让宝宝伸手摸出来；宝宝不用看，完全用手摸，得到的印象会更深。这个游戏可提高宝宝的形象思维能力。通过玩这个游戏，宝宝在2岁时能认出10个数字。

画圈配物

爸爸妈妈让宝宝自己画圆圈，宝宝会画出各不相同的形状；爸爸妈妈告诉宝宝在圆的上方画上两片叶子就是苹果；在圆的下方画叶子就是桃子；在一个大圆的上方画一个小圆，在小圆的左边或右边画一个"<"形，在大圆的下方画上鸡脚就是一只鸡。这个游戏可发挥宝宝丰富的想象力，不断扩大创作的空间。

变高变矮

妈妈同宝宝面对面站着，两个人同时举起双手，并踮起脚，一起说："变高了。"

过了一会儿，妈妈又说："变矮了。"两个人同时蹲下，用双手抱住头，把头垂得很低；再用手抱着膝盖，这时人变成了球，真的变矮了；这样宝宝便学会了改变自己身高的方法；接着，妈妈可以教他，如果要够取高处的东西时，可以用变高的样子去取；如果要钻过矮洞，要把自己变矮，用手抱住头，以免把头碰伤。宝宝学会了很多本领，可以教小朋友们玩，从而发展宝宝和小朋友们交往时组织活动的能力。

买水果

桌上放着7～8种真的或假的水果，先把宝宝学过的英语单词中的水果摆出来，如banana（香蕉），apple（苹果），orange（橘子），pear（梨）；妈妈坐在对面当卖水果的人，让宝宝提个小篮子来买水果，宝宝用英语说出要买哪一种水果，说对了就可以买到，放进小篮子里。如果宝宝的篮子里有4种水果，就可以再学新的。买不到的水果，说明宝宝还没掌握那种水果的英语单词，可以经过复习来学会。这个游戏可以丰富宝宝的词汇量，开发语言智能。

娃娃排队

狗熊排第一，娃娃排第二，小猫排第三；让它们都面向左方，妈妈问宝宝："谁在前面？谁在后面？谁在中间？"如果宝宝全答对了，可以再问："谁在娃娃的前面？谁在小猫的前面？"再问："谁在狗熊的后面？谁在娃娃的后面？"如果宝宝都答对了，可以请宝宝向后转身，完全不看着玩具，妈妈从头到尾再问一遍；如果答对了就往下问，答不对时可以回头看，妈妈记录宝宝一共回头看了几回；过几天可以把玩具按次序重摆，再做一次，看宝宝有没有进步。通过和小动物玩排队游戏，宝宝很容易记住前、后、左、右等简单的空间位置。

专家指导

这是一种方位的练习，让宝宝先看着做，并记住娃娃摆放的次序，之后背着做，看能否仍然记住次序。这种练习可以依宝宝的实际情况来做，但人与人之间存在差异，不可强求。

前滚翻

宝宝在软垫上，双手撑地，双腿半蹲着，头曲近胸前；双腿用力向上、向前翻动，头向下、向后，身体重心由后向前翻转；宝宝的双脚再次落地，宝宝就能站起来。开始时，仍然要由父母帮助，翻转时父母帮着宝宝将其身体向前推，并使他的双脚落地；站起来时也要由父母扶着站稳，待宝宝熟练后，这一套动作连贯起来就能顺利地完成前滚翻了；有个别身体好的宝宝能连着做几个前滚翻。这个游戏可练习宝宝的平衡能力和四肢协调能力。

拉大圈

爸爸妈妈带宝宝参加拉大圈游戏，开始时在家里三个人拉大圈；爸爸妈妈拉着宝宝向右走，可以跟着播放的音乐走，也可以边唱儿歌边随着节拍走；唱完一段另起一段时向左走。家庭营造出的和谐氛围，会让宝宝在情感上获得安全，同时也为宝宝与外界的交往做好准备。

贴脸谱

妈妈将一块白的或浅粉红色的绒布或纸板剪成直径15厘米的圆形做脸；再用毛笔在上面画上五官，然后分别剪开，让宝宝自己把五官摆到脸上；妈妈引导宝宝把两只眼睛分别摆在脸的上方，把鼻子摆在中间，把嘴巴放在鼻子下面，把两只耳朵分别放在脸的两旁；如果摆放时有些不对称，宝宝会自己改正，说明宝宝记住五官的位置了，也有方位的知觉了。

这个游戏可训练宝宝的观察力和记忆力。

混合与搭配

拿出几套明信片或者照片，最好照片上的地方你都曾带宝宝去过。给他讲解各自的图像，然后把他们混在一块，看看宝宝是否能搭配他们。提示他：看这张卡片上有一只小船，另外一些带小船的卡片呢？2岁的宝宝已经具备区别不同视觉图像的技巧，每次他做对了这种搭配都会非常自豪。

虚拟角色

构造一个虚拟场景，如农场，车库或玩偶房。选一个对宝宝没有伤害的动物或人物做主角。然后根据场景编一个故事，并且演示它，直到宝宝能够接受它。下一步可增加一个新角色到场景中来，比如，一只宠物狗。然后通过问问题激发宝宝的想象力。这种类型的游戏能培养宝宝的自控感，帮助他理解人们是怎样互相影响的。

吹气球

爸爸妈妈和宝宝面对面，手拉手，围成圆圈。游戏开始时，爸爸说："吹气球，吹气球，吹呀吹个大气球。"三人同时向后退走，双手伸直，圆圈逐渐扩大，呈大圆形，象征吹大了的气球。妈妈说："气漏了，气漏了，变呀变成小气球。"三人同时向前走，圆圈逐渐缩小，呈小圆形，象征缩成小气球。游戏可以反复进行。这个游戏可促使宝宝在愉快的游戏中感知大小，练习向前走及向后退的走法。

专家指导

在进行游戏前，可以先出示气球给宝宝认识，并将气球吹成大气球给宝宝看、触摸，然后再慢慢地将气漏出而缩成小气球，再让宝宝用手去触摸，感觉气球缩小。

PART 9

25~30个月 宝宝启智 方案

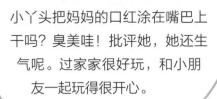

小丫头把妈妈的口红涂在嘴巴上干吗？臭美哇！批评她，她还生气呢。过家家很好玩，和小朋友一起玩得很开心。

宝宝的智能发育

宝宝30个月时，可以穿脱简单的开领衣服；偏爱父母使用的东西，喜欢穿父母的大鞋在屋里走来走去，女宝宝会拿着妈妈的口红往嘴唇和脸上涂。宝宝行走自如了，会自如地蹲在地上玩，站着能把球扔出100厘米以外。不满足于正常速度的跑步，他要快速奔跑，跑得太快，常常会摔个大前趴。宝宝开始用语言表达自己的心情，描述自己的感受。不高兴时，会对妈妈说：我生气了。他特别需要朋友，从其他小朋友那里宝宝可以得到许多生活经验，最喜欢过家家游戏，愿意和小朋友一起玩这类游戏。宝宝希望得到父母的喜欢，开始在意自己在父母心目中的样子和位置。

动作能力训练

1 手的操作训练。按大小顺序套上6~8层的套桶，能分辨一个比一个大的顺序，而且手的动作协调，能将每两个套入并且摆好。

2 倒米和倒水训练。用两个小塑料碗，其中一只放1/3碗大米或黄豆，让宝宝从一只碗倒进另一只碗内，练习至完全不洒出来为止。然后再学习用两只碗倒水。

3 走平衡木。在离地10~15厘米的平衡木上学习行走。可先扶宝宝在平衡木上来回走几次，使宝宝习惯高处行走，渐渐放手让宝宝自己在平衡木上走。鼓励宝宝展开双臂以协助身体的平衡。

专家指导

让宝宝先学习提起一个足后跟，学习用一个脚尖走，一只脚学会后再提起另一只脚后跟，学习用两个脚尖走路。

语言能力训练

1 学习称谓。引导宝宝学会做自我介绍，知道自己的姓和名，知道爸爸妈妈的姓和名。教宝宝记住爷爷、奶奶、姥姥、姥爷、小姨等称呼。

2 学说完整句。完整的句子是指包括主语、谓语、宾语的句子，如"宝宝吃饭了"。同时，要教宝宝使用一些简单的形容词，如"绿色的小草"。在引导宝宝学习形容词时，一定要先选择简单、形象、生活中常见的，这样有助于宝宝认知能力的形成。

3 学习分辨声音。随时随地引导宝宝分辨身边的声音，如门铃声、鸟叫声、不同人的说话声等。在听到这些声音时，就问宝宝这是什么声音，如果宝宝答不出来，就告诉他，并指给他看发出声音的物体。

创造性思维能力训练

3岁以内宝宝的创造性思维处于萌

芽状态，3岁后宝宝的创造性思维会有较大的发展，但仍存在很大的直观性、不稳定性。该怎样去培养、开发宝宝的创造性思维呢？

1 启发思维。爸爸妈妈应随时随地启发宝宝就日常生活中简单的事物展开联想。

2 应用故事引发宝宝的联想。故事是宝宝喜欢的一种形式，让宝宝续故事就是一种培养创造性思维的理想方式。

3 看图改错。如：衣服穿得对不对？将动物身体部位移动后还原、猜谜语、连贯提问、归类对比、找异同等方法，来训练宝宝思维的灵活性、敏捷性、准确性和创造性。

智力启蒙·小·游戏

将物品装入包中

父母可准备一些衣物、玩具等物品，指导宝宝将物品装入包中，可先给宝宝做示范，怎样才能将这些物品都装进包内，并且还要摆放得整齐。父母可以准备若干形状、大小各异的物品，训练宝宝将其装在衣服的口袋里、信封里或钱包里。这个游戏可训练宝宝的思维能力和动手能力。

击中目标

把准备好的空瓶子排成三角形，就像保龄球道上的球瓶一样。往回走几步，用绳子或者胶带在地板上做出一条直线。让宝宝站在这条线的后面，给他球。告诉宝宝尝试用滚球的方式，把所有的瓶子都击倒。再次把瓶子整理好，重复玩。千万不要用真正的保龄球因为它太重啦！易碎的瓶子也不可取。这个游戏可训练宝宝手眼协调、因果关系、整体运动能力。

点数摆圈

妈妈教宝宝用放积木摆大圈的方法学点数；宝宝一边数，一边摆积木，看看宝宝摆的圈用了几块积木；有些宝宝数数时漏了一个数，摆的圈出现了缺口，可以让宝宝再数一次；如果数对了，可以把缺口填上；如果数量词都是缺了同一个数，只好把缺口留出来，让宝宝继续摆；当摆到手口不一致，或宝宝不会数时为止。这个游戏可以使宝宝数数的连续性得到进步。

专家指导

父母可以看看宝宝能点数到几，二来看看宝宝在哪几个数缺数。宝宝看到有缺口很想补上，父母重点帮助宝宝补缺口的数，使宝宝数数的连续性有进步。

手工制作

父母为宝宝准备几种不同颜色的橡皮泥，然后指导宝宝进行手工制作——捏一只可爱的小熊。让宝宝先捏一个大圆球，再换种颜色的橡皮泥捏5个小圆球，将这5个小球分别作头部和四肢和大球安在一起，再用一点点橡皮泥为小熊制作两个耳朵安在头上，小熊就制作成功了。训练宝宝的动手能力，发展宝宝的创造性思维能力。

认字配对

宝宝已经认识一些汉字，可以让宝宝拿着一张字卡，在桌子上找出与之相配的字卡，拼成对子；父母可以把宝宝看过的图画书中的句子，用毛笔写成大字，让宝宝拿手中的字卡与实物配对；平时，宝宝看书时，以认图为主，对字的注意较少；如果去掉图，宝宝认识其中几个字，也会边背诵句子边将其他的字对号入座。这种连猜带蒙如同游戏般地配对，如果真的猜对了，会给宝宝很大的鼓励。这个游戏可练习宝宝对句子的把握能力。

短跑

爸爸带着宝宝在户外练习短跑，从一棵树跑到另一棵树，或从一栋楼跑到另一栋楼；距离不能太远。爸爸在前面跑，也可以在后面追；到达目的地后可以让宝宝走回来，然后略为休息；每天让宝宝有短暂的跑和走的交替运动，可以在小区的院子里、公园或其他安全的地方运动。短跑是全身运动，能使宝宝身体各部分相互协调，既保持平衡，又能使全身动作灵活。

帮小猫走迷宫

父母事先准备好一张图纸，画好迷宫，迷宫的起点处画一只小猫，终点处画一只小鱼，让宝宝拿着蜡笔，帮助小猫走出迷宫，吃到小鱼。父母要先给宝宝做必要的示范和讲解，然后引导宝宝去画出正确的道路。这个游戏可训练宝宝手部的协调性和用笔的能力，提高宝宝的逻辑思维能力。

硬币不见了

妈妈手里拿一个面团，另一只手拿一个硬币；妈妈把两只手合拢，再摊开，硬币就不见了，让宝宝把硬币找出来；宝宝奇怪地到处看，既看不见硬币，也没有听到硬币掉在地上发出的声音；最后宝宝伸手去拿妈妈手中的面团，用手使劲去捏，硬币便被捏出来了；这时宝宝会自己再把硬币塞进面团里，再捏出来，来回玩一阵子，才发现原来面团可以埋藏进一些小东西。这个游戏可让宝宝通过触觉感知物体的软硬，了解更多物体的特性。

词汇接龙

爸爸妈妈替宝宝写一些两个字的词汇卡片，同宝宝一起玩接龙游戏；如"你早"可以接"早晨"，再接上"晨报""报纸""纸笔""笔画""画猫"等等；用作接龙的词汇要简明易懂，基本上所有字词都是宝宝懂得的，偶尔一两个未学过的生词，可通过接龙来学会。

这个游戏可让宝宝记住更多的词汇，学会更多的生字。

数字接龙

爸爸妈妈为宝宝准备1～5的数字卡片，教他用数字接龙，按1～5的顺序一个一个接下去；例如，2接1，3接2，4接3，5接4，让宝宝在桌上摆出一条长龙，使他有成就感。通过数字接龙，让宝宝对数字的连续性有更深刻的认识。

专家指导

宝宝很喜欢词汇接龙这样的游戏，爸爸妈妈可过一两天就替宝宝增添几个词汇卡片，满足宝宝接龙越来越长的欲望。

摸鼻子

先让宝宝摸妈妈的鼻子，然后用手绢蒙住宝宝的眼睛，让宝宝再来摸妈妈的鼻子；妈妈可以提示宝宝先摸到椅子，再往中间向上就可以摸着妈妈的鼻子了；如果宝宝真摸到了，可以让宝宝后退3步再蒙着眼睛向前走3步，摸妈妈的鼻子。这个游戏可训练宝宝的方位感和本体感觉的共同协作，是家庭中很容易做的游戏。

全家一起唱

妈妈同宝宝齐声唱一首歌，先唱大家都熟悉的儿歌，可配合一些动作表演或用玩具敲击节拍，来活跃气氛；也可以利用全家在一起时，教宝宝唱新歌，爸爸妈妈先唱一遍让宝宝听到完整的歌曲，找出歌的主题，让

宝宝反复学。这个游戏可促进宝宝音乐智能的发展。

学说动物的英文

家长带宝宝去动物园玩耍，这时爸爸应趁势教他这些动物的英语读法。如，猴子（monkey），熊猫（panda），狮子（lion），老虎（tiger），大象（elephant），长颈鹿（giraffe），斑马（zebra），熊（bear），河马（hippo），犀牛（rhinoceros）。这个游戏可帮助宝宝积累更多的英语词汇。

量长短

让宝宝一手拿着两条绳子的一头，同时比着桌子的一个角，拉到桌子的另一个角；如果再长些，可以用手按住第二个角，拉回第一个角，哪一条绳子先掉下来，就是短的绳子；宝宝暂时还不能认识尺子，可以用桌子、床、窗户等作为宝宝的量具；宝宝把手伸开，从拇指到中指的长度也可以作为量具。通过这个游戏，让宝宝灵活地运动各种工具。

表演舞台剧

爸妈同宝宝一起学唱《小兔子乖乖》。等宝宝学会后，爸爸先离开，妈妈同宝宝继续唱；然后妈妈提个篮子告诉宝宝："妈妈去拔萝卜，爸爸是大灰狼，爸爸来时不能开门呀。"

宝宝听懂了，一会儿爸爸在门外唱歌，宝宝自己唱"不开不开"的一段；等妈妈在门外唱歌时，宝宝才开门让妈妈进来。让宝宝参加有剧情的唱歌表演，宝宝能进入角色，使唱歌带有戏剧性，能培养宝宝的美感和想象力。

分格子放衣服

妈妈把从阳台收回来的衣服放在床上折叠，整理好后请宝宝帮着把衣

专家指导

如果家里的柜子很大，又不分格，妈妈可以用一些纸盒来分格，让宝宝来练习。

服放进柜子里；妈妈告诉宝宝要把每个人的衣服分开放在不同的格里。宝宝把妈妈的衣物，按上衣、裤子、裙子等分开放好；再把自己的小东西和上衣、裤子分开放。最后检查一下，看到宝宝都能分别放好，就表扬宝宝能干。分格子放衣服既是分类的练习，也是空间位置的练习。

改错大王

出示卡片，让宝宝认一认后装进纸盒里，告诉宝宝："现在我们来玩一个好玩的'改错大王'游戏，改错大王要听出别人哪里说错了，再帮助他改过来。"妈妈从盒子里拿出一张小乌龟画片，爸爸故意说："这是小鱼。"妈妈问："宝宝，爸爸说错了吗？请你改一改。"妈妈抽出小猫的图片，爸爸说："小猫'汪汪'叫。"请宝宝改错。爸爸从纸盒里抽出一张小鱼画片，妈妈抢先说："小鱼天上游。"鼓励宝宝改错。让宝宝抽取画片，妈妈抢先说错，让爸爸改

错。这个游戏可以让宝宝在幽默轻松的氛围里体验学说话的愉悦和自信。

洗澡真快乐

和宝宝一起扯下玫瑰的花瓣，撒在注满水的浴盆里，让宝宝进入浴盆。给宝宝各种塑料玩具，让小动物潜水：压到水底，放开小手，玩具会浮上水面。给宝宝一块海绵，让他自由玩：吸水——挤干——漂浮；让水滴滴落在水面，发出好听的声音。在宝宝的手心里挤上几滴沐浴露，教他两手搓一搓，在胸前抹一抹。妈妈帮他把全身抹一抹，体验"好滑"的感觉。鼓励宝宝给玩具抹一抹，说出"好滑好滑哦"。请宝宝把玩具放进小桶里。站起来冲淋，一边冲一边说："下小雨啦，下小雨啦，宝宝淋湿啦，宝宝淋干净啦！"这个游戏可以让宝宝体验洗澡游戏的快乐，发展感官能力。

PART 10

31~36个月宝宝启智方案

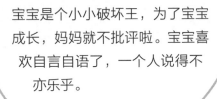

宝宝是个小小破坏王，为了宝宝成长，妈妈就不批评啦。宝宝喜欢自言自语了，一个人说得不亦乐乎。

宝宝的智能发育

宝宝36个月时，锤子、剪刀都要用一用，拖把、扫帚都要试一试，是破坏东西的一流高手。走、跑、跳、站、蹲、坐、摸、爬、滚、登高、跳下、越过障碍物，3岁幼儿的运动能力应有尽有、无所不能。3岁左右的幼儿开始沉浸在自言自语的语言快乐中，这是宝宝在语言发展的一个阶段。在3岁时应及时引导，培养宝宝开朗活泼，善于与人相处的良好性格。父母和看护人性格怎样，怎样对待宝宝……都深深地在宝宝人格发展中留下印记，甚至影响宝宝一生。

动作能力训练

2~3岁的宝宝脾气通常都会急躁，特别是对想要的东西如果不能马上得到就会发火，父母就要教宝宝学会等待。例如，妈妈正在做饭，但宝宝早已饥肠辘辘，这时父母千万不要给宝宝吃点心，否则吃饭时就没有胃口了。父母可以请宝宝来当"助手"，帮助父母清洗盛菜的盘子等。有时，宝宝看到其他小朋友手中的好玩具，也想玩一下，但人家又不放手。这时父母应当想办法使宝宝的注意力转移，让宝宝去关注其他好玩的东西。如果宝宝仍然想玩那件玩具，父母就要让宝宝学会等待，告诉他要遇到机会才可以买到相似的玩具。在儿童游戏乐园玩耍时，如坐碰碰车、坐飞机、上滑梯等都需排队才能玩，要教导宝宝耐心等待，才能享受玩的快乐。

言故事、神话故事、童话故事等，并把故事中的新词汇拿出来讲解，让宝宝在听的过程中增加词汇量。

逻辑思维能力训练

家长给宝宝交待要做的事情，自己首先拟好提纲，一、二、三……交代完毕后让宝宝复述一遍。这是训练宝宝理解基本的数字概念。

家长带宝宝散步，从看到的大自然景观让宝宝分类，动物有哪些？从大到小让宝宝排列，植物有哪些？从高到矮让宝宝排列。应让幼儿了解，大群体包含许多小群体，小群体组合成了大群体，如动物——鸟——麻雀。

掌握一些表示时间的词语，理解其含义，对宝宝来说，无疑是必要的。当宝宝真正清楚了"在……之前"、"立即"或"马上"及昨天、今天、明天、后天等词语的含义后，宝宝也许会更规矩些。

语言能力训练

培养宝宝语言表达能力，可以从教宝宝正确发音、巩固学习词汇、教短句、鼓励宝宝进行连贯性语句表达四个方面着手。在培养训练过程中，家长要注意发音标准，尽可能用普通话来教宝宝，这对宝宝将来识字有很大益处。

幼儿都喜欢做游戏，游戏中的问答和自言自语都是宝宝练习口语的好机会。

通过故事、传说等文艺作品发展语言能力。宝宝都喜欢听故事，家长可以讲一些通俗易懂、内容丰富的寓

用艺术作品发展语言能力。家长可以利用电影、电视作品，图片、画册等艺术作品来培养训练宝宝的语言能力。

智力启蒙小·游戏

玩拼图

买一盒拼图块大一些的动物或水果拼图。你先把拼图块打乱，再教宝宝按照图纸上的动物或水果形象，将拼图块拼起来。也可以自己制作拼图，如将旧图书上的动物形象剪下来，贴在硬纸板上，再裁成几大块，教宝宝拼着玩。这对提高宝宝的观察力、空间认知能力等都有益处。

说说反义词

准备几件特征相差较大的物品，或者讲完故事时和宝宝说一说反义词。你说："这个苹果真大，那个苹果真——""兔子跑得真快，乌龟跑得真——"将"小""慢"等字空缺出来让宝宝说。日常生活中，可以随时教宝宝比较物体的高矮、胖瘦、美丑等相反的特征，让宝宝逐渐掌握事物相反的概念。

补缺画

你在纸上画出宝宝所喜欢的动物、交通工具等形象，故意缺少一两个主要部位，如大象的鼻子、飞机的翅膀等等。让宝宝看一看，画面中的形象缺少了什么？然后教他把缺少的

部位画上。这有助于提高宝宝的观察力。当然，宝宝还可以根据自己的想象自由作画，丰富画面内容。

走小路

用粉笔在地上画一条弯弯曲曲的线，或者将旧毛线、塑料绳等弯弯曲曲地铺在地上当小路。教宝宝沿着线条，两只脚一前一后地走。平时带宝宝到户外玩，看见花坛边、路桩子等，也可以扶着宝宝在上面走。这些活动可以锻炼宝宝的平衡能力和身体的协调性。

学数数

把家里的牙膏盒、空药瓶、玩具等堆集在一起，和宝宝玩开商店游戏。比如你问宝宝："你有几辆小汽车？"教宝宝点数。然后说："我要买一辆小汽车。"教宝宝拿一辆小汽车给你。在游戏中，宝宝自然而然就学会了数数，并逐渐理解数的实际含义。平时，家里人吃水果、糖果等，也可以让宝宝来给大家分，通过分教宝宝识数。

夹东西

找一些日常生活中常见的物品，如纽扣、积木、瓶子盖等等，再准备两个衣服夹子。你教宝宝用手拿好小夹子，把这些物品夹起来放在一边，再去夹另一件。可以一边夹一边数数，你和宝宝比赛，看谁夹得多。等宝宝熟悉这个玩法后，可以让他将所夹的物品进行分类，比如把积木夹起来放一边，扣子夹起来放在另一边。这个游戏可以锻炼小手的精细动作，增强动作的目的性、准确性。

摆餐具学数数

平时一家三口吃饭，宝宝会拿3个碗，3双筷子，宝宝拿筷子时总是一次拿一双，拿3次；奶奶来了，吃饭时宝宝会拿4个碗、4双筷子；有时爷爷也来了，宝宝会拿5个碗、5双筷子；筷子拿多了，宝宝会拿着一把筷子逐个数，或者每两根在一起一双双地数。通过摆餐具让宝宝顺其自然地学数数。

专家指导

饭后分水果也是宝宝爱干的活，妈妈可鼓励宝宝做家务，在做家务过程中学习数数，还可以养成做事勤快麻利的习惯。

粘粘贴贴

准备一张大纸、不干胶小贴画、画笔等。你可以事先在纸上画一些小房子、云彩之类的东西。让宝宝根据自己的想象，撕下不干胶小贴画，贴在不同的位置上。还可以让宝宝根据自己的想象，涂上颜色，或画一些简单的图形。完成之后，还可以让宝宝讲一讲自己的作品。这可以培养宝宝的动手能力、想象力和语言表达能力。

听音乐跳舞

妈妈同宝宝一起，打开录音机自由跳舞；二人按着节拍随意跳动，抒发心中的快乐情绪；例如播放施特劳斯的《蓝色多瑙河》，妈妈可以自己跳，也可以拉着宝宝的双手一起跳；宝宝会跟着妈妈的动作学习，慢慢就会合上妈妈的脚步，学会跳三步的华尔兹。这个游戏可让宝宝在有节律的全身运动中受到音乐的熏陶。

用脚接球

妈妈把球抛向宝宝，宝宝坐在地上用两脚把球夹住；学会这个技巧，需要三步，妈妈可以按照下面的步骤来教会宝宝：先学夹住静止的球，学会用双脚把球夹住；再学夹滚来滚去的球，开头球滚动得很慢，让宝宝能调整体位去适应球滚来的方向，球渐渐滚动快些，宝宝也学会了夹住滚动的球；最后学夹反跳的球，让球在地上反挑时，宝宝有时间去夹住，最后采用脚夹住抛来的球。这个游戏可训

练宝宝的身体协调能力，学习高难度动作。

嗅觉认物

妈妈用两个完全一样的小口瓶，一个放切碎的大蒜，一个放切碎的大葱；妈妈只让宝宝闻气味，不让宝宝看瓶里的东西，看看宝宝能否说出东西的名称；然后，再拿出酱油瓶和醋瓶，让宝宝用鼻子分辨出哪一瓶是醋，哪一瓶是酱油。这个游戏可训练宝宝用感官分辨事物的能力。

排扑克牌

妈妈把扑克牌中4以上的牌去掉，剩下4种花色的1～4，同宝宝一起玩扑克牌的游戏；先拿出一个方块2放在桌上，每人发2张牌，按顺时针方向出牌，谁能接得到就出手中的牌。

或出另外一个2，接不上的就摸牌，谁先把手中的牌出完就算谁赢了。通过这个游戏让宝宝对数字的排列更熟悉。

记忆配对

爸爸准备一些木制或厚纸卡座的配对"牌"同妈妈和宝宝一起做游戏；每人手里拿着5～7张"牌"，桌上扣着同样多的"牌"；按顺时针方向，每人打开桌上一张"牌"，将这张"牌"与手上的"牌"查对；如是相同的一对可以翻开算赢一对，接着再摸一张扣在桌上；如无配对的"牌"应把桌上的"牌"说出来让大家看后扣回原处，在多余的"牌"上摸一张；能成对可赢一对，不成对轮到下一人操作，看谁最先把手中的"牌"用完。这个游戏可训练宝宝的记忆力。

专家指导

这个游戏要求记住桌上的牌，一旦摸着就可以配对了。宝宝往往不懂规矩，会拿错，爸妈可以帮助宝宝学着玩，多玩几回就熟悉了。

葡式蛋挞怎样做才好吃?

首先，因为黄油常温下易软化，易擀漏，因此擀制过程中每一步都应放入冰箱冷藏；其次，挞皮做好放入模具后需要静置20分钟，再倒入挞水烘焙，且挞水只需七分满，因为烤制时挞皮会严重回缩，挞水过多会溢出，功亏一篑。

制作方法

黄油长度为面片的1/3

1 将低筋面粉、高筋面粉、酥油和清水混合揉成光滑的面团，静置20分钟，备用。

2 面团擀成长片；黄油软化后，包上保鲜膜，擀成0.6cm厚的片，放在面片上。

3 将上有黄油片的面片顺同一方向折叠三次，再擀成长片状。

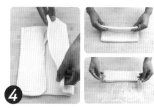

4 擀好的面片连续折叠四次，重复擀长片、折叠，用保鲜膜包住，静置20分钟。

5 去掉保鲜膜，擀成约0.6cm薄的面片，卷起来后再次用保鲜膜包住，冷藏30分钟。

6 将牛奶、白糖、鸡蛋、少量低筋面粉混合，搅拌均匀，即成挞水。

7 取出面片，切成约1cm宽的段，在面段上沾少许面粉，放在模具里压出形状。

8 将挞水倒入模具，七分满即可。

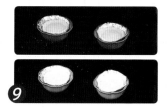

9 将装有挞水的模具放入烤箱，220℃烤15分钟即可出炉。

百变面点主食
作者◎赵立广 定价 /25.00

松软的馒头和包子、油酥的面饼、爽滑的面条、软糯的米饭……本书是一本介绍各种中式面点主食的菜谱书，步骤讲解详细明了，易懂易操作；图片精美，看一眼绝对让你馋涎欲滴，口水直流！

幸福营养早餐
作者◎赵立广 定价 /25.00

油条豆浆、虾饺菜粥、吐司咖啡……每天的早餐你都吃了什么？本书菜色丰富，有流行于大江南北的中式早点，也有风靡世界的西方早餐；不管你是忙碌的上班族、努力学习的学子，还是悠闲养生的老人，总有一款能满足你大清早饥饿的胃肠！

魔法百变米饭
作者：赵之维 定价 /25.00

你还在一成不变地吃着盖浇饭吗？你还在为剩下的米饭而头疼吗？看过本书，这些烦恼一扫而光！本书用精美的图片和详细的图示教你怎样用剩米饭变出美味的米饭料理，炒饭、烩饭、焗烤饭，寿司、饭团、米汉堡，让我们与魔法百变米饭来一场美丽的邂逅吧！

爽口凉拌菜
作者◎赵立广 定价 /25.00

老醋花生、皮蛋豆腐、蒜泥白肉、东北大拉皮……本书集合了各地不同风味的爽口凉拌菜，从经典的餐桌必点凉拌菜到各地的民间小吃凉拌菜，多方面讲解凉拌菜的制作方法，用精美的图片和易懂的步骤，让你一看就懂，一学就会！

活力蔬果汁
作者◎加 贝 定价 /25.00

你在家里自己做过蔬果汁吗？你知道有哪些蔬菜和水果可以搭配吗？本书即以最有效的蔬果汁饮法为出发点，让你用自己家的榨汁机就能做出各种营养蔬果汁，养颜减脂、强身健体……现在，你还在等什么？赶紧行动起来吧！